腐植酸对谷子抗旱生理特性及
产量的影响

申 洁 著

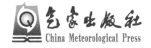

气象出版社
China Meteorological Press

内 容 简 介

本书基于山西省干旱少雨、山多沟深的自然条件,以山西省主要杂粮作物——谷子为研究材料,把广泛存在于土壤、泥炭、煤和水域中的天然有机物质——腐植酸(Humic acid,HA)作为研究对象,从谷子种子萌发、幼苗光合特性、抗氧化系统、渗透调节等方面进行腐植酸对谷子生理特性,以及对山西省旱作条件下谷子产量和品质的影响研究,以期探寻腐植酸在谷子上应用的最适浓度,明确腐植酸对干旱胁迫下谷子的调控途径,系统分析腐植酸对干旱胁迫下谷子生理特性的影响,不仅可以为今后阐明腐植酸对谷子生长调节机理提供理论依据,而且对谷田节肥减药和干旱缓解具有重要作用。本书适合农业科研人员、旱作农业工作者阅读。

图书在版编目(CIP)数据

腐植酸对谷子抗旱生理特性及产量的影响 / 申洁著
. -- 北京 : 气象出版社, 2024.1
ISBN 978-7-5029-8106-8

Ⅰ.①腐… Ⅱ.①申… Ⅲ.①腐植酸-影响-谷子-抗旱性-研究②腐植酸-影响-谷子-粮食产量-研究
Ⅳ.①S515

中国国家版本馆CIP数据核字(2023)第231539号

腐植酸对谷子抗旱生理特性及产量的影响
FUZHISUAN DUI GUZI KANGHAN SHENGLI TEXING JI CHANLIANG DE YINGXIANG
申洁 著

出版发行:气象出版社
地　　址:北京市海淀区中关村南大街 46 号　　**邮政编码:**100081
电　　话:010-68407112(总编室)　010-68408042(发行部)
网　　址:http://www.qxcbs.com　　**E-mail:**qxcbs@cma.gov.cn
责任编辑:王元庆　　　　　　　　　　**终　　审:**张　斌
责任校对:张硕杰　　　　　　　　　　**责任技编:**赵相宁
封面设计:艺点设计
印　　刷:北京建宏印刷有限公司
开　　本:880 mm×1230 mm　1/32　　**印　　张:**4.5
字　　数:141 千字
版　　次:2024 年 1 月第 1 版　　　　**印　　次:**2024 年 1 月第 1 次印刷
定　　价:38.00 元

本书如存在文字不清、漏印以及缺页、倒页、脱页等,请与本社发行部联系调换。

前　言

谷子被誉为"五谷之首"，营养价值极高，在北方旱作农业中地位仅次于小麦、玉米，具有基因组小、生长周期短、耐瘠耐旱性强等特点，已成为禾本科作物抗性机理研究的模式植物，但干旱仍然是制约谷子发展的重要因素之一。

本书基于山西省干旱少雨、山多沟深的自然条件，以山西省主要杂粮作物——谷子为研究材料，把广泛存在于土壤、泥炭、煤和水域中的天然有机物质——腐植酸作为研究对象，从谷子种子萌发、幼苗光合特性、抗氧化系统、渗透调节等方面进行腐植酸对谷子生理特性，以及对山西省旱作条件下谷子产量和品质的影响研究，以期探寻腐植酸在谷子上应用的最适浓度，明确腐植酸对干旱胁迫下谷子的调控途径，系统分析腐植酸对干旱胁迫下谷子生理特性的影响，不仅可以为今后阐明腐植酸对谷子生长调节机理提供理论依据，而且对谷田节肥减药和干旱缓解具有重要作用。

本书成果的研究和出版得到了山西省高等学校科技创新项目"腐植酸调控干旱胁迫下谷子幼苗生长的生理机制"、黄土高原特色作物优质高效生产省部共建协同创新中心课题"腐植酸调控谷子幼苗的多胺积累效应研究"、山西省应用基础研究计划青年项目"腐植酸介导多胺对干旱胁迫下谷子的调控效应"的资助。本书得到了山西农业大学和长治学院等单位的支持。本书在编著过程中得到了山西农业大学郭平毅教授、王玉国教授、原向阳教授、温银元副教授、董淑琦副教授、赵娟副教授、宋喜娥副教授等的支持和帮助。

  谷子抗旱生理机理研究是一个复杂的过程,本书仅是基于目前的研究,对腐植酸对谷子抗旱生理特性及产量的影响进行了初步探讨。由于作者水平有限,书中疏漏与错误之处在所难免,恳请读者批评指正。

申洁

2023 年 8 月于长治学院

目　录

第1章 综述

1.1 谷子概况

1.1.1 谷子在中国的分布

谷子[*Setaria italica*(L.)Beauv]又称粟,在植物学上,属禾本科黍族狗尾草属,是世界上古老的农作物之一,起源于中国,至今已有8700多年的栽种历史(李荫梅,1997),目前在中国、印度等地的干旱和半干旱地区广泛种植,在我国的种植面积约占世界的80%。

谷子主要分布于我国北方各省(自治区),包括辽宁、吉林、黑龙江、山西、河北、内蒙古、陕西、山东、河南、甘肃、宁夏等,是我国传统特色杂粮作物(Lu et al.,2009)。根据各地自然条件、种植方式、耕作制度等的不同,我国谷子产区分为四个区。

(1)东北春谷区:主要包括辽宁、吉林、黑龙江及内蒙古东部。地处北纬40°—48°,海拔20~400 m,无霜期为120~170 d,年平均气温为2~8 ℃,生长季日平均日照时数为14~15 h,年平均降雨量400~700 mm。一年一熟,常与玉米、大豆等轮作,多为单秆、大穗、生长繁茂型栽培品种。

(2)华北平原夏谷区:主要包括山东、河北、河南等地。地处北纬33°—39°,海拔＜50 m,无霜期为 150～250 d,年平均气温 12～16 ℃,生长季日均日照时数为 13～14 h,年平均降雨量 400～900 mm,冬小麦收获后复种谷子,多为生育期短、矮秆、谷穗大、籽粒大的栽培品种。

(3)内蒙古高原春谷区:主要包括内蒙古、山西雁北地区、河北张家口地区。地处北纬 40°—48°,海拔＞1500 m,无霜期 125～140 d,年平均气温 2.5～7 ℃,生长季日均日照时数＞14 h,年平均降雨量 250 mm左右,一年一熟,与马铃薯、高粱、玉米轮作,多为生育期短、矮秆、谷穗大的栽培品种。

(4)黄河中、上游黄土高原春夏谷区:主要包括山西、甘肃、宁夏、陕西等省(自治区)。地处北纬 30°—40°,海拔 600～1000 m,无霜期150～200 d,年平均气温 7～15 ℃,生长季日均日照时数 14 h 左右,年平均降雨量 350～600 mm,以春播为主,平川地区收获小麦后种植夏谷,一年一熟或两年三熟(于振文,2003;宁娜,2016)。

1.1.2　谷子在山西省的分布

谷子是山西省的主要杂粮作物,是仅次于玉米、小麦、大豆、马铃薯的第五大作物,分布在山西省的各县市,其中吕梁、忻州、大同、长治、晋城、临汾、晋中等市的播种面积均超过 2 万 hm²,播种面积和产量均占到全省的 90%。复杂多样的地理环境和气候条件,造就了山西谷子种植区域的多样性,可划分为以下 3 个区。

（1）春播早熟区

主要指山西省北部海拔较高的冷凉地区，包括广灵县、天镇县、大同县、怀仁县、阳高县、浑源县、灵丘县、应县、山阴县、朔城区、繁峙县、偏关县、宁武县、代县、静乐县、五台县、岚县、和顺县、寿阳县、左权县等20个县（区）。

该生态区无霜期98～110 d、气温低、降雨量少、风沙大、气候干旱，谷子种植面积较小，谷子品质中上等。习惯稀播，多为生育期<80 d、抗旱、抗倒性的谷穗大、籽粒大的栽培品种。

（2）春播中晚熟区

包括忻府区、原平市、定襄县、阳曲县、保德县、河曲县、离石区、柳林县、太原市南郊区及北郊区、古交市、清徐县、长治市潞州区、潞城区、上党区、屯留区、沁县、武乡县、襄垣县、长子县、高平市、昔阳县、泽州县、沁水县、安泽县、大宁县、乡宁县、永和县、吉县、汾西县等30个县（市、区）。

该生态区纬度低、无霜期约125 d、平均海拔>1130 m、≥10 ℃的积温在3150 ℃·d以上、气候较温暖、降雨量适中。该区农业较为发达、土壤肥沃、耕作精细、农业生产及谷子种植历史悠久，属于山西省谷子主产区，谷子产量高、品质好。

（3）夏播区

包括榆次区、平遥县、祁县、太谷县、灵石县、孝义市、介休市、文水县、交城县、汾阳市、浮山县、清徐县、古县、阳泉市郊区、平定县、黎城县、阳城县、晋城市城区、翼城县、临汾市尧都区、永济市、闻喜县、襄汾县、曲沃县、洪洞县、芮城县、运城市盐湖区、万荣县、垣曲县、河津市、侯马市、平陆县、霍县、临猗县、新绛县、夏县等 36 个县(市、区)。

该生态区位于汾河两岸及丘陵区,北高南低、地势起伏较大,有效积温差异大,可分为北部夏播早熟区和南部夏播早熟区。北部以临汾盆地和太原盆地为主,生育期约 80 d;南部以运城盆地及四周丘陵区域为主,生育期>85 d。谷子色泽普通、千粒重中等,蛋白质、脂肪及赖氨酸含量中等。该区的谷子苗期蛀茎虫害和谷瘟病较为严重,复播谷子应抓好"三早",即早播种、早管理、早收获(张彦良,2016)。

1.1.3 谷子在山西省旱作农业中的地位

山西省地势复杂,南北跨度达 682 km,海拔 180～3058 m,地处黄土高原东部,是典型的大陆性干旱气候,干旱丘陵地占土地面积的81%,该地区农业以雨养农业为主。而十年九旱是山西气候的主要特点,年降雨量 400～650 mm,是我国典型的干旱缺水省份,也是水土流失、生态恶化的重灾区。在山西全省 480 万 hm^2 耕地中,不具备灌溉条件的旱地约 381 万 hm^2,约占耕地总面积的 79%。因此,旱作农业对山西省的农业经济发展、产业结构的调整以及生态环境的建设都具有重要的意义(温琪汾 等,2005)。

谷子是山西省的主要粮食作物之一,在全省的粮食生产中排名第三,种植面积基本维持在 20 万 hm^2 左右,约占山西省粮食总产量的1.8%。谷子在长期的驯化、栽培过程中,逐渐形成适应干旱、半干旱地区的地理环境和气候条件的抗旱生理机制,具有早熟、抗旱、抗贫瘠等特点,这就决定了谷子在山西省旱作农业发展中的重要地位(张一中,2011)。

1.1.4　谷子的特点

谷子,被誉为"五谷之首",营养价值极高,富含氨基酸、维生素、类胡萝卜素和硒等(Muthamilarasan et al.,2015),在北方旱作农业中地位居于小麦、玉米之后,是我国北方地区主要粮食作物之一(王璞,2004)。谷子具有生长周期短、基因组小、耐瘠耐旱等特点,已作为模式植物用于禾本科作物抗逆机理的研究(Ajithkumar et al.,2014)。近年来,主要用于 C_4 植物的光合作用(Diao et al.,2014)、植物抗逆性(Tsai et al.,2016)、植物结构和穗发育(Doust et al.,2005)等方面的研究。谷子虽然是耐旱作物,但干旱仍然是影响其产量的最大制约因素(裴帅帅 等,2014)。随着全球气候的不断变暖、气温的逐步升高,水资源的日益减少,谷物减产的现象越来越严重(Lobell et al.,2008)。

1.2　干旱胁迫对作物萌发及相关生理特性的影响

随着全球气候的不断变化,水资源紧缺问题日益突显,干旱成为全球性的灾害。干旱可分为土壤干旱、大气干旱两种。土壤干旱属于长期的土壤水分缺乏,是由土壤水分不足导致对作物的伤害;大气干旱属于短期土壤水分缺乏,是土壤水分充足时,大气过多的蒸发导致的土壤水分亏缺。

全球干旱、半干旱区域遍及世界 50 多个国家及地区,占地面积分别为土地总面积和耕地总面积的 36％、43％(张秀海 等,2001)。在我国,干旱、半干旱地区占地面积约为土地面积的 50％,主要分布于华北地区、西北地区、内蒙古以及青藏高原等地区的 16 个省(自治区、直辖市)的 741 个县,人均水资源占有不足世界人均的 1/4,仅为 2300m³,被联合国世界水资源及环境发展联合会列为 13 个贫水国之一(白玉,2009)。大多数国家受干旱的影响较大。据统计,全球每年因干旱导致的粮食减产占减产总量的 50％以上,干旱成为影响粮食作物产量的最主要非生物胁迫之一(李江 等,2010;徐丽霞 等,2016),是仅次于病虫害的第二位限制产量因子,比其他环境因子更大程度限制作物的生长、分布和产量。

1.2.1　干旱胁迫对种子萌发的影响

在种子植物生活史中,种子萌发是最为关键的阶段,直接影响作物的出苗、壮苗情况,同时也是衡量作物抗旱性的重要时期(李培英 等,2010)。种子萌发期对水分最为敏感(山仑,1983),该时期的水分缺失会影响作物的出苗率,严重时缺苗率高达 40％～50％,从而造成作物大面积减产,因此,对作物萌发期进行抗旱性研究逐渐受到人们的关注。赫福霞等(2014)研究表明,水分胁迫降低了玉米的发芽率、根长和芽长,同时降低了种子吸水速率以及贮藏物质的转化效率。而许耀照等(2010)对黄瓜种子进行萌发期抗旱性研究,结果表明一定浓度范围内的 PEG(聚乙二醇)水分胁迫可显著提高黄瓜种子发芽率,有效促进种子胚的生长。利用 10%、15%、20% 不同质量浓度的 PEG 对谷子进行萌发期抗旱性研究,结果表明,不同浓度的 PEG 胁迫显著降低了谷子发芽率、发芽指数、苗高、根长、鲜重和活力指数,显著抑制了谷子的萌发,且随着 PEG 浓度的增加抑制效果更明显(高汝勇 等,2013)。

1.2.2　干旱胁迫对植物幼苗生长和叶片水分特性的影响

干旱对作物最直接的影响是造成植株水分供应不足,影响作物正常生长发育从而导致减产。干旱胁迫可使株高、叶面积、生物量等生长指标降低,作物根冠比升高,严重可致植株死亡(Wang et al.,2007)。植物叶片对环境变化比较敏感,干旱时表现为叶面积减少,新叶生长速率减慢,叶片萎蔫(林艳 等,2000),叶片方位发生变化,叶倾角改变等(梁银丽 等,1999)。如干旱胁迫下喜旱莲子草叶面积及叶片数减小,从而减少叶片蒸腾,以适应干旱环境(杨永清 等,2010)。植物株高、茎粗、生物量等在不同干旱胁迫程度下,受影响程度不同。玉米(曹岚,2017)幼苗在重度干旱胁迫下,株高、地上部分生物重显著下降,根数、根长、根体积等根系指标也明显下降,幼苗生长明显受到抑制(孙彩霞 等,2002)。

叶片水分生理常用指标为:组织含水量、水分饱和亏(Water saturation deficit，WSD)、相对含水量(Relative water content,RWC)、叶片水势等。植物体内水分含量由组织含水量、相对含水量来反映,随干旱程度的加剧呈降低趋势,因作物本身抗旱能力存在差异,含水量不同。研究表明,干旱胁迫会使植物组织含水量和 RWC 降低,下降幅度与抗旱性呈负相关,幅度越小,抗旱性越强,主要由植物本身抗旱遗传性所决定(Huang,2011;Huang et al. ,1997)。植物组织实际含水量与饱和含水量的差值表示水分饱和亏,主要反映植物缺水量,也是抗旱性研究的重要指标(刘广全 等,2004)。植物的水分状况可影响植物生理生化特性、养分吸收及正常生长发育等过程,可通过植物组织的水势大小来反映(张鸣 等,2008),通过对叶片水势的测定,可直接掌握植物水分亏缺程度(何洪光 等,2009)。Yin 等(2014)研究表明,干旱胁迫可使高粱叶片的含水量和水势显著降低。

1.2.3　干旱胁迫对植物光合、荧光特性的影响

光合作用是植物体内有机物质合成的根本来源,是太阳能生物利用的重要途径(张继樹,2006)。光合作用是作物产量形成的基础,前人研究表明干旱胁迫引起的植物光合作用的减弱是导致作物减产的一个关键因素(Legg et al. ,1979)。

1.2.3.1　干旱胁迫对植物气体交换特性的影响

植物叶片通过光合作用制造碳水化合物的能力可以用光合气体交换参数来表示,在遭受干旱胁迫后叶片中的色素含量会明显降低(李泽等,2017),影响光合作用的正常进行。干旱胁迫下,气孔限制和非气孔限制会引起植物光合速率的下降(Varone et al. ,2012)。植物气孔是 CO_2 进入叶片细胞的入口,而较低的气孔导度(G_s)会使 CO_2 进入细胞

的阻力加大,造成胞间 $CO_2(C_i)$ 降低,从而使光合速率下降,这就是气孔限制。干旱胁迫下,植物会关闭气孔从而显著影响光合作用的正常进行(Bartels et al.,2005)。随着干旱胁迫的加剧,严重时可致叶绿素降解、光合系统活性和光合电子传递速率降低、叶绿体的解体,从而导致光合速率(P_n)下降,胞间 $CO_2(C_i)$ 升高,即非气孔限制(Signarbieux et al.,2011)。

1.2.3.2 干旱胁迫对植物叶绿素荧光特性的影响

叶绿素荧光被称为天然探针,具有快速、灵敏、无破坏性等优点,可以直接反映植物对光能的吸收、电子传递、能量耗散等内在反应,广泛用于干旱胁迫对光合器官损伤的研究(Li et al.,2004;张志刚 等,2010)。光合作用过程中存在着两个不同的色素系统——光系统 Ⅱ (PSⅡ)和光系统 Ⅰ(PSⅠ)。光系统 Ⅱ 反应中心色素分子吸收 680 nm 的红光,其主要特征是水的光解和氧气的释放(杨慧杰,2017)。光系统 Ⅰ 的作用中心色素分子最大吸收峰值在 700 nm,其主要特征是 $NADP^+$ 的还原。PSⅡ 和 PSⅠ 通过一系列电子传递体串接起来进行电子传递,最终形成 NADPH。F_v/F_m 代表 PSⅡ 的最大光化学效率,F_v/F_o 代表 PSⅡ 的潜在光化学活力,$Y(Ⅱ)$ 是 PSⅡ 的实际光化学量子效率,三者作为光抑制的重要指标,反映 PSⅡ 反应中心的光能转换效率,其变化可直接体现植物受胁迫的情况。逆境胁迫下,谷子 F_v/F_m、F_v/F_o 和 $Y(Ⅱ)$ 降低,说明 PSⅡ 反应中心光能转换效率降低,利用光能的能力减弱(Yuan et al.,2017)。qP 则表示光合速率快慢,与光合碳同化等光合化学反应密切相关(Lichtenthaler et al.,1997),ETR 反映实际光强下的表观电子传递速率,用于度量光化学反应导致碳固定的电子传递效率,NPQ 反映的是 PSⅡ天线色素吸收的光能不能用于光合电子传递而以热的形式耗散的光能部分,是保护 PSⅡ 的重要机制(马乐元,2017)。Zhao 等(2005)研究表明干旱胁迫时,qP 和 ETR 降低,NPQ 升高,说明 PSⅡ 利用光能的能力下降,从而导致碳固定的电子传递速率下降,而过剩的光能主要以热的形式耗散掉,有利于其在干旱胁迫中稳定 PSⅡ 反应中心。

PSⅠ光抑制的典型特征是 PSⅠ 的最大氧化还原能力的降低(Scheller et al.,2005)。P_m 代表有效的 PSⅠ复合体总量,Y(NA)是 PSⅠ反应中心光损伤的重要指标,暗适应后,Calvin-Benson 循环中的关键酶失活会引起 Y(NA)的升高;光照下,由于 Calvin-Benson 循环受到损伤引起的 PSⅠ 受体侧电子累积也会引起 Y(NA)升高(Walz,2009;程建峰,2012),Y(Ⅰ)表示 PSⅠ 反应中心的光化学速率,ETR(Ⅰ)反映 PSⅠ 反应中心电子传递速率。逆境胁迫下,谷子的 P_m、Y(Ⅰ)、ETR(Ⅰ)显著降低,Y(NA)升高,PSⅠ 的电子传递速率和实际光化学速率降低,导致植物的光合作用受到抑制(Guo et al.,2018)。

1.2.4 干旱胁迫对植物生理特性的影响

1.2.4.1 干旱胁迫对活性氧代谢的影响

植物体内的活性氧(ROS)在有氧代谢过程中产生,是一类化学性质活跃、氧化能力极强的含氧化合物(Bhattacharjee,2005;林植芳 等,2012),主要包含超氧阴离子(O_2^-)、过氧化氢(H_2O_2)、单线氧(O^1)和羟自由基(·OH)等含氧化合物。细胞内活性氧(ROS)的产生和清除在正常情况下处于动态平衡的状态,活性氧水平很低,不会伤害细胞。可是当植物受到胁迫时,体内活性氧(ROS)大量积累,导致膜脂过氧化。Gong 等(2005)、Shi 等(2014)研究表明,植物体内积累的过量 ROS 可严重影响光合作用的正常进行,引起膜脂过氧化,从而造成氧化损伤、甚至植物死亡。而马文涛等(2014)研究表明,植物体内产生的 ROS 具有双重作用,少量时可作为信号分子参与植物体内信号转导过程,诱导抗氧化系统内抗氧化酶以及非酶抗氧化物质的合成,提高防御系统的功能,从而使 ROS 保持动态平衡的状态。

1.2.4.2　干旱胁迫对抗氧化酶系统的影响

植物为适应环境的改变,在漫长的进化过程中形成了抵抗活性氧氧化毒害的抗氧化系统。酶促抗氧化系统和非酶促抗氧化物质是植物体内主要的 ROS 清除系统(Du et al.,2001),精准调节植物体内的 ROS 代谢。酶促抗氧化系统的抗氧化酶主要包括:超氧化物歧化酶(SOD)、过氧化物酶(POD)、过氧化氢酶(CAT)、抗坏血酸过氧化物酶(APX)、谷胱甘肽还原酶(GR)、单脱氢抗坏血酸还原酶(MDHAR)及脱氢抗坏血酸还原酶(DHAR)。非酶促抗氧化物质主要包括抗坏血酸、谷胱甘肽、类胡萝卜素、维生素 E、α-生育酚、黄酮类化合物以及甘露醇、脯氨酸等渗透调节物质(马旭俊 等,2003)。而植物体内存在的抗氧化代谢系统能有效清除活性氧,降低氧化损伤,从而缓解干旱胁迫对植物造成的伤害。抗氧化代谢系统中,SOD、POD 和 CAT 是植株体内主要的保护系统酶,其活性与植物对逆境的适应能力密切相关

(Zhao et al. ,2005)。SOD 在植物体内的主要功能是清除 $O_2^{\overline{\cdot}}$,是抗氧化酶系统的第一道防线,能将 $O_2^{\overline{\cdot}}$ 快速歧化为 H_2O_2 和 O_2;POD 可清除 H_2O_2 从而参与活性氧代谢,起到抗氧化的作用;CAT 可将 SOD 歧化的 H_2O_2 进一步催化分解为 O_2 和 H_2O(Gong et al. ,2005;Lyons et al. ,2010)。干旱胁迫条件下,抗氧化酶活性受胁迫时间、胁迫强度、植物自身抗旱遗传性的影响,表现出不同的趋势变化。干旱胁迫可使小麦体内的 SOD 活性显著降低(Gong et al. ,2005),而太阳花体内的 SOD 活性在遇到干旱胁迫时却表现出一定程度的增加(Gunes et al. ,2008)。马乐元等(2017)研究表明,干旱胁迫促进小冠花活性氧积累,抑制 CAT 活性,提高了 SOD 和 POD 活性,有效清除了活性氧从而减缓细胞膜的氧化损伤。

1.2.4.3 干旱胁迫对膜系统的影响

随着受胁迫时间的延长、胁迫强度的增加,植物体内 ROS 清除系统的作用不足以抵消 ROS 的产生,导致 ROS 大量积累,对植物造成氧化胁迫,从而造成膜脂过氧化(杜秀敏 等,2001)。而丙二醛(MDA)是细胞膜膜脂过氧化的产物,细胞膜受到的伤害程度与 MDA 含量呈正相关,MDA 含量越高代表细胞膜受伤害程度越大,体现植株抗逆性的强弱。相对电解质渗透率是衡量细胞膜透性的指标,两者均为检测质膜系统损伤的重要指标,因此 MDA 和相对电解质渗透率一定程度上能反映作物的抗旱能力(Campo et al. ,2014)。研究发现,干旱胁迫会导致膜脂过氧化,植物体内积累 MDA,对细胞产生毒害作用,植物细胞膜的透性受到伤害,导致电解质外渗,相对电解质渗透率增加。王启明(2006)研究表明,干旱胁迫造成大豆膜脂过氧化,MDA 含量和相对电解质渗透率增加,二者呈极显著正相关。

1.2.4.4　干旱胁迫对渗透调节的影响

渗透调节是植物适应干旱胁迫的主要生理机制,植物为适应干旱胁迫积累大量可溶性蛋白和游离脯氨酸等渗透调节物质,通过渗透调节使植物维持一定的膨压,防止细胞过度失水;稳定细胞器结构,维持细胞生长、气孔开放和光合作用等生理过程(Subbarao et al. ,2000;Liu et al. ,2009)。渗透调节物质主要分为两类:一类主要包括 K^+、Na^+、Ca^{2+}、Mg^{2+}、Cl^-、SO_4^{2-} 等无机离子,通过主动运输从外界进入植物细胞内,因植物种类及器官的不同而有所差异;另一类主要包括可溶性蛋白、游离脯氨酸、甜菜碱、海藻糖、可溶性糖、可溶性淀粉等有机物质,在细胞内主要通过自身代谢合成(Petzall et al. ,2005)。

干旱胁迫下,细胞内作为第二信使的 Ca^{2+} 可传递信号,调节胁迫引起的一系列生理生化反应,对根系细胞内 Ca^{2+} 的吸收和运转有一定的抑制作用(关军锋 等,2001)。过多的 Na^+ 损伤质膜,使 K^+ 外流增加(Grewal,2010)。同时,K^+ 的主动积累促进 Ca^{2+} 把胞外信号转换成胞内的生理生化反应。不同抗旱性玉米在遭受干旱胁迫时,主要以 K^+ 的积累作为渗透调节的主要方式,抗旱性强的玉米品种轻度干旱条件下 K^+ 积累不明显,随着胁迫强度的加剧 K^+ 积累越多,而不抗旱玉米品种 K^+ 积累趋势与之相反(邵艳军 等,2006)。可溶性蛋白、游离脯氨酸、可溶性糖等有机物质是反应植物抗性的重要指标,并且脯氨酸作为非酶促抗氧化物质,可清除 ROS、避免植物遭受氧化损伤。研究表明,棉花叶片游离脯氨酸含量随灌水量的减少而升高,脯氨酸与灌水量呈负相关关系(杨传杰 等,2012)。杜金友等(2004)研究表明,干旱胁迫下,植株体内的渗透调节物质游离脯氨酸含量增加,同时可溶性蛋白含量降低。曹帮华等(2005)在刺槐上研究表明植物在干旱胁迫下体内可溶性糖显著增加。

在植物体内,渗透调节物质合成关键酶基因的同源或异源超表达可提高其抗旱能力。渗透调节除维持植物正常膨压外,还参与植物体干物质积累、光合作用、活性氧清除等多个生理过程。因此,对植物渗透调节进行研究具有重要意义,并值得做更进一步的探讨(马乐元,2017)。

1.3 外源物质对作物抗旱性的影响

1.3.1 外源物质种类及其作用

外源物质主要包括三大类,分别为植物生长调节类物质、渗透调节(相容性)物质和非酶促抗氧化物质。植物生长调节类物质主要指植物激素,是在植物体内合成、可移动、对生长发育产生显著作用的微量(1 μmol/L 以下)有机物质,对植物生长发育发挥着多方面的调节作用,主要包括生长素类、赤霉素类、细胞分裂素类、脱落酸类、乙烯和油菜素甾醇类。除此之外,天然生理活性物质水杨酸类、多胺类、茉莉酸类、多肽类、独脚金内酯等,也是植物激素类物质(李合生,2012)。

渗透调节物质是指植物在逆境胁迫下,为维持一定的膨压,防止细胞过度失水,在细胞质中积累无机盐离子以及小分子有机物,如脯氨酸、可溶性蛋白、甜菜碱、可溶性糖等。且易溶于水,生理 pH 范围内不携带净电荷,生成迅速且不易透过细胞膜(武维华,2003)。

非酶促抗氧化剂主要包括谷胱甘肽、抗坏血酸和褪黑素等,外源施用此类物质在提高作物抗逆性方面的研究较多,但因成本高、推广较难,在大田作物生产中应用相对较少(谷端银,2016)。

1.3.2　外源物质提高作物抗旱性研究进展

应用外源物质缓解或减轻植物干旱胁迫,近年来已成为研究植物抗旱性的热点。在大田作物栽培生产过程中,通过浸种、叶面喷施、根际施用等方式使用外源物质,使其参与作物渗透调节,影响植物体内多种生理生化代谢反应,可有效缓解由干旱胁迫对作物造成的伤害,提高植株抗旱性,以提高作物产量、改善品质。武维华(2003)研究表明,植物叶片在干旱胁迫下,脱落酸(ABA)迅速增加,引起气孔关闭,从而减少水分散失,抗旱能力增强。干旱胁迫下,花椰菜幼苗叶片可溶性蛋白含量下降,而油菜素内酯可减缓可溶性蛋白的下降(吴晓丽 等,2011)。在植物生长发育过程中 NO 参与许多生理生化过程。汤绍虎等(2007)研究表明,外源 NO 对干旱胁迫下黄瓜幼苗的生长具有明显的促进作用。NO 能够通过调节质膜 H^+-ATPase 活力增加 K^+ 和 Ca^{2+},降低 Cl^- 含量从而提高小麦耐旱性(赵立群 等,2009)。在干旱胁迫条件下,氮肥的少量施用可显著提高玉米净光合速率(P_n)和叶绿素含量,使蒸腾速率(T_r)和胞间 CO_2(C_i)显著降低;且随氮肥量的增加 P_n 和叶绿素含量呈上升趋势,而 T_r 和 C_i 呈下降趋势(张立新,2006)。对油松施用多胺可以提高其 P_n、气孔导度(G_s)、叶绿素含量以及水分利用率,从而提高油松的抗旱能力(胡景江 等,2004)。

外源物质提高作物抗旱性主要通过直接作用和间接作用:直接作用即通过稳定细胞结构、提高抗氧化酶活性等来增强植物抗旱能力;间接作用即通过传递信息从而诱导植物抗旱基因表达以提高其抗旱能力。近年来,应用外源物质提高作物的抗旱能力已成为抗旱研究的热点,通过越来越先进的科学技术手段,其发挥作用的机理逐渐明确,为大田作物大面积的推广提供了理论支撑,进一步推动了旱作农业的发展。

1.4　腐植酸

1.4.1　腐植酸的结构与分类

腐植酸(Humic Acid,HA)是一类成分复杂的天然有机物质,是动植物残体(主要是植物遗骸)等经微生物分解转化及一系列地球化学过程衍变累积而成(Stevenson,1994),其结构复杂,分布广泛,主要存在于土壤、泥炭、煤、水域中等,容易获得且成本较低。腐植酸大分子的基本结构是芳环和脂环,环上连有羧基、羟基、羰基、醌基、甲氧基等官能团,具有酸性、亲水性、界面活性、阳离子交换能力、吸附分散能力及络合作用(蓝江林 等,2014)。腐植酸不同于其他天然有机物质,它不具备明确定义的构象构型和化学结构(李仲谨 等,2009),是具有多样性、复杂性、不均一性的复杂混合物,因而具有特殊的理化性质和生物学活性。

腐植酸分类多样,这与它复杂的结构与性质不可分割。按来源,腐植酸分为天然腐植酸和人造腐植酸两大类,按存在领域又把天然腐植酸分为土壤腐植酸、煤炭腐植酸、水体腐植酸和霉菌腐植酸四类;按生成方式,腐植酸可分为原生腐植酸和再生腐植酸;按在溶剂中的溶解性和颜色,腐植酸可分为黄腐酸、棕腐酸、黑腐酸、灰腐酸、褐腐酸等;按天然结合状态,分为游离腐植酸和(钙、镁)结合腐植酸;按腐植酸的腐植化程度(吸光系数等指标),分为 A 型、B 型(真正的腐植酸)和 RP 型、P 型(不成熟的腐植酸)等。

腐植酸中含有的多种活性官能团使其可以与许多有机和无机物质相互作用,因而腐植酸在农业、林业、园艺、医药、电池行业、分析化学、环保、采油等领域等都具有广泛的应用(李仲谨 等,2009)。目前,腐植酸已广泛应用于农业生产,可提高光合作用,并广泛参与其他生理过程,促进植物生长发育(Canellas et al. ,2011),在增加作物产量、改良土壤理化性质、缓解多种逆境对作物的胁迫等方面发挥着重要作用(García et al. ,2014;郭伟 等,2011)。

1.4.2　腐植酸对植物生长的促进作用

1.4.2.1　腐植酸促进植物根系生长和养分吸收

腐植酸对植物生长有直接的促进作用(Chen et al. ,2004),原因在于腐植酸中含有类似植物激素的物质(Zhang et al. ,2000),可促进植物根系生长。Canellas 等(2010)研究表明,腐植酸可显著增加番茄侧根数量和根长。腐植酸能促进玉米根系中基因转录,如 $Mha\ 2$ 编码基因 H^+-ATPase,质膜表面 H^+-ATPase 的增加导致电化学质子梯度加大,促进质子跨膜运输,促进植物根系生长(Canellas,2002;Carletti et al. ,2008)。Silva-Matos 等(2012)在西瓜上研究表明,叶面喷施腐植酸促进了西瓜幼苗根长的生长和根体积的增加。此外,不同植物对腐植酸的响应不同,腐植酸对拟南芥根系的影响,表现出主根变短、侧根生长明显;而玉米幼苗根系对腐植酸的响应,表现出主根和侧根均生长明显(Canellas et al. ,2010)。

腐植酸还可促进植物对养分的吸收,Fernández-Escobar 等(1996)通过大田试验研究腐植酸对橄榄幼树的影响表明,土壤不施肥料时,叶面喷施腐植酸可提高橄榄叶片中钾、铁、镁、钙、硼含量,而土壤施肥后,养分可满足橄榄正常生长所需时,叶片中元素含量不增加。适宜浓度的腐植酸显著促进燕麦根系对 K^+、SO_4^{2-} 的吸收(Maggioni et al. ,1987)。

1.4.2.2　腐植酸促进植物体内激素合成

腐植酸对植物体内激素的合成有明显的促进作用。腐植酸施用 30 min 内可刺激拟南芥体内生长素(IAA)诱导基因 IAA19 的表达,与 IAA 作用于植物的效应相似;而 2 h 后,该基因并未恢复至基准水平,与 IAA 作用不同,表明腐植酸具有类似于 IAA 调控效应外,还有其他作用(Trevisan et al. ,2010)。陈玉玲等(2000)发现,干旱条件下,黄腐酸处理后冬小麦 IAA、ABA 的含量显著高于干旱处理。Mora 等 (2014)在黄瓜上研究表明,腐植酸可提高黄瓜根系中 NO 和 IAA 的含量,并在介导作用下通过依赖于 NO-IAA 的途径促进 ABA、ETH 在根系中的合成,与此同时,腐植酸在根系中的富集可促进黄瓜幼苗的生长。

1.4.2.3 腐植酸促进植物光合作用

施用腐植酸会提高植物叶绿素含量(郑平,1991),从而提高植物的光合作用。张沁怡等(2015)研究表明,施用腐植酸后,水稻抽穗期剑叶叶绿素含量、净光合速率、胞间 CO_2 浓度、蒸腾速率、气孔导度均增加,大田试验中,适宜浓度的腐植酸显著增加了水稻产量。在烤烟上的研究表明,叶面喷施不同浓度腐植酸钾后,其光合参数均提高,使得光合作用加强,并显著提高了烟叶的含钾量(孟丽霞,2009)。同时,腐植酸可通过抑制保卫细胞中 K^+ 的积累而抑制气孔开启,具有类似 ABA 的作用(梅慧生 等,1983)。

1.4.2.4 腐植酸促进植物生长的间接作用

腐植酸具有的官能团使其具有较强的离子交换、吸附能力,从而对土壤和肥料中的养分具有良好的调控效应,可显著提高植物对肥料和元素的利用率(刘兰兰 等,2008)。研究表明,腐植酸铁与七水合硫酸亚铁相比,根部铁的利用率可提高 32%,叶片中腐植酸铁是七水合硫酸亚铁的 2 倍(Liu,2013)。腐植酸作为土壤有机质的组成部分,对土壤微生物的多样性和数量具有调控作用。研究表明,高粱的大田土壤中,施用腐植酸后根际土壤细菌数、土壤真菌数较施用化肥处理分别提高 45.58％和 23.26％,有效改善了土壤脲酶和磷酸酶活性,提高了植物营养(王利宾 等,2011)。腐植酸施用于土壤,以间接方式影响植物对大量元素、微量元素的吸收,促进植物的生长(谷端银,2016)。

1.4.3　腐植酸在植物抗旱中的应用

腐植酸是自然界中广泛存在的大分子有机物质,在农业领域的应用价值很高,可以减少肥料的施用,提高养分使用效率,替代部分生物合成的植物生长调节剂,尤其是随着人们生活水平的提高,对环境污染、食品安全、生态农业建设等民生问题更加关注,使腐植酸的研究备受推崇。

1.4.3.1　腐植酸对干旱胁迫下作物种子萌发及生理特性的影响

干旱使植物叶片中的叶绿素含量、相对水含量和水势降低,添加外源物质提高了叶片的叶绿素含量,保持植物叶片的水分(李泽 等,2017;曹逼力,2015)。回振龙等(2013)研究表明,黄腐酸浸种显著提高了 PEG 模拟干旱胁迫下紫花苜蓿的发芽率、发芽势、发芽指数、活力指数和幼苗株高、生物量,提高了脯氨酸、可溶性糖等渗透调节物质的含量和抗氧化酶活性,有效缓解了干旱导致的氧化伤害,增加了抗旱性。

有研究显示,干旱胁迫下腐植酸可改善植物叶片渗透调节系统和质膜系统,同时株高、鲜重、干物质累积量均有所增加(刘伟,2014)。李绪行等(1992)研究表明,叶面喷施黄腐酸能明显提高小麦幼苗的保水能力,尤其是在干旱胁迫条件下,黄腐酸可减少幼苗叶片蒸腾速率、增大气孔扩散阻力、促进干物质积累,可显著提高干旱条件下叶片脯氨酸含量,增加小麦渗透调节能力,缓解干旱对其的伤害。张小冰等(2011)研究了腐植酸浸种对玉米抗旱性的影响发现,适宜浓度的腐植酸可显著提高 POD、CAT 等抗氧化酶活性,显著降低了膜脂过氧化产物丙二醛(MDA)的含量,减轻了干旱胁迫下玉米的膜脂过氧化程度,提高了玉米的抗旱性。

1.4.3.2　腐植酸对干旱胁迫下作物光合生理特性的影响

光合作用是有机物质合成的根本来源,存在着两个不同的色素系统—光系统Ⅱ(PSⅡ)和光系统Ⅰ(PSⅠ),光合气体交换参数可以反映植物叶片通过光合作用制造碳水化合物的能力(张继樹,2006)。梁强等(2009)研究了干旱胁迫下黄腐酸对甘蔗叶绿素荧光参数的影响,结果表明黄腐酸处理显著提高了 PSⅡ原初光能转换效率(F_v/F_m)、光合量子产额(Yield)、光化学猝灭系数(qP),提高了甘蔗的光合作用和苗期的抗旱性。研究表明,旱作条件下富含腐植酸的营养液提高了叶片叶绿素含量和光合速率,降低了气孔导度和蒸腾速率,明显改善了马铃薯的光合特性,起到了抗旱增产的作用(张磊,2013)。同时,腐植酸影响编码水通道蛋白亚家族($OsTIPs$)基因在液泡膜中的表达,且独立于 ABA 的信号机制,同时调控植物根系和叶片中水通道蛋白基因表达,腐植酸特殊的分子结构是其发挥作用的主要原因,且与根系间的物理化学作用对植物起到了保护作用(García et al. ,2014)。

1.4.3.3　腐植酸对干旱胁迫下作物产量和品质的影响

研究表明,腐植酸可促进植物对养分的吸收、提高作物的产量。

Fernández-Escobar 等(1996)研究表明:叶面喷施腐植酸可提高橄榄叶片中钾、铁、镁、钙、硼含量。适宜浓度的腐植酸显著促进燕麦根系对 K^+、SO_4^{2-} 的吸收(Maggioni et al. ,1987),并可提高燕麦的产量,缓解干旱胁迫对作物的抑制作用(刘伟 等,2014)。雷昭光等(2018)在烤烟上研究表明,黄腐酸能有效促进矿质元素的吸收和积累、提高烤烟的产量。研究表明,适宜浓度的腐植酸可改善玉米的品质,提高蛋白质含量,使玉米增产 35.3%(李兆君 等,2004);杨安民等(2000)研究表明,施用腐植酸钾可提高棉花产量,比对照增产 19.32%。腐植酸可提高大豆的形态及产量构成指标,对大豆产量有明显的促进作用(王东方 等,2002),并对小麦(张仕铭,2000)、马铃薯(张磊,2013)等作物有明显的增产效应。

1.5　谷子抗旱性研究进展

1.5.1　谷子抗旱生理特性研究进展

　　植物通过改变自身根系和叶片形态、从渗透调节、抗氧化系统、激素调节、光合等生理水平,甲基化、去甲基化及其他关键基因等分子水平上来抵御干旱胁迫对植物造成的伤害。为充分了解谷子的抗旱生理机制,目前,人们主要在谷子不同时期乃至全生育期,通过谷子形态指标、生理生化指标及光合指标等对谷子进行了抗旱生理的研究(李红英等,2018)。刘佳等(2015)研究表明,渗透调节物质脯氨酸、抗氧化系统抗坏血酸过氧化物酶(APX)在谷子抗旱生理过程中作用显著,且抽穗期的抗旱性较灌浆期更强。干旱胁迫下,谷子体内内源油菜素内酯(BR)、脱落酸(ABA)和生长素(IAA)等激素含量的不同,使得不同品种谷子表现出不同的抗旱性,激素含量积累越多,抗旱性越强(Tang et al.,2017)。张文英等(2010)通过相关和灰色关联等方法对谷子全生育期抗旱生理指标进行筛选,结果表明全生育期抗旱性鉴定指标主要是相对根冠比、相对单穗粒重和灌浆期光合速率、蒸腾速率等;主成分分析确立了千粒重、单穗重、叶绿素和 SOD 等指标的相对值可作为谷子孕穗期抗旱性鉴定指标(张文英 等,2012)。

1.5.2　谷子抗旱分子机制研究进展

谷子抗旱分子机制的研究较其他植物起步较晚,Zhang 等(2007)通过建立干旱胁迫差减 cDNA 文库,结果表明,干旱胁迫下谷子幼苗根和芽中分别有 95 个、57 个 ESTs 上调,10 个、27 个 ESTs 下调。表达谱分析表明,谷子根和芽在干旱胁迫下诱导的基因不同,根对干旱胁迫的早期反应是糖酵解代谢的激活。Qie 等(2014)构建了 128 个 SSR 标记的遗传图谱,图谱全长 1293.9 cM,共发现了 18 个与谷子抗旱有关的 QTLs。

现已发现的谷子抗旱相关基因有:*SiOPR*1(12-氧代植二烯酸还原酶基因)、APX(ascorbate peroxidase)和 GR(glutathione reductase)基因,转录因子家族如 AP2/ERF、SiDoF 以及抗旱相关的 miRNA(李红英 等,2018)。热休克蛋白(Heat shock protein,HSPs)在作物抗非生

物胁迫中发挥重要作用。Singh 等(2016)对不同品种谷子进行干旱处理,研究表明,耐旱的谷子品种 HSPs 相关基因上调,$SiHSP$ 基因甲基化分析表明,高水平的甲基化导致这些基因在胁迫中的表达降低。Yi 等(2015)通过 RNA 末端平行分析法(PARE)对干旱胁迫下豫谷 1 号 mRNA 全基因组分析表明,假定的 385 个 miRNA 裂解,发现 11 种由抗旱基因编码的 C_4 植物光合作用相关酶,明确了谷子对干旱胁迫的响应机制。

1.6 本研究的目的意义及技术路线

1.6.1 目的意义

据统计,全球每年因干旱导致的粮食减产占减产总量的 50% 以上,干旱成为影响粮食作物产量的最主要非生物胁迫之一,因此提高作物的抗旱能力已成为现代植物科学研究的重点(徐丽霞 等,2016)。众所周知,山西农业立地条件差,制约山西农业发展的最大瓶颈为干旱少雨、山多沟深。在山西省,旱地面积占现有耕地面积的 80%,其中还包括 43.66% 的坡耕地,这些瓶颈和劣势,制约着山西农业做"大",恰恰利于山西农业做"特"(贺佳雯 等,2017)。谷子[$Setaria\ italica$(L.)Beauv]作为山西省的第一杂粮作物,目前在中国北方旱区广为种植,具有抗旱、耐贫瘠、适应性强等特点,亦是粮饲兼用作物,且小米具有极高的营养价值,特别对孕妇具有保健作用。谷子作为粮食作物在我国历史上曾经起着重要的作用,已成为山西发展特色农业的重要逆境模式作物(Ajithkumar et al. ,2014)。

腐植酸(Humic Acid,HA)广泛存在于土壤、泥炭、煤和水域中,是一类结构复杂的天然高分子有机物质,能通过根、茎、叶进入植物体,对植物生长具有明显的促进作用,可以减少肥料的施用,提高养分使用效率,替代部分生物合成的植物生长调节剂,并广泛参与其他生理过程,促进植物生长发育(Canellas et al. ,2011;García et al. ,2014),改善作物品质,在缓解多种逆境对作物的胁迫中发挥了重要作用(Hanafy et al. ,2013;马建军 等,2005;郭伟 等,2011;Fan et al. ,2014)。

目前研究表明,腐植酸对于植物的作用主要体现在两方面。一方面,腐植酸可以促进生长、光合作用、氮同化以及氨基酸代谢(Vaccaro et al. ,2015;Gao et al. ,2015),其中,在氮同化方面,有报道指出腐植酸可促进固氮菌相关蛋白的表达(Berbara et al. ,2014);另一方面,腐植酸可通过控制植物体内的活性氧类物质的含量来协助植物抵御逆境胁迫(张沁怡 等,2015)。

在目前的报道中,除个别研究是从分子层面对腐植酸与植物的作用机理进行研究外(Olaetxea et al. ,2015),多数报道都集中在植物形态及生理检测上,而腐植酸作用于植物的抗旱机理目前并未了解清楚,对谷子的抗旱机理研究鲜有报道。因此,本书以晋谷 21 号和张杂 10 号为材料,从谷子种子萌发、幼苗光合特性、抗氧化系统、渗透调节等方面进行腐植酸对谷子生理特性,以及对山西省旱作条件下谷子品质和产量的影响研究,以期探寻腐植酸在谷子上应用的最适浓度,明确腐植酸对干旱胁迫下谷子的调控途径,系统分析腐植酸对干旱胁迫下谷子生理特性的影响(图 1-1),不仅可以为今后阐明腐植酸对谷子生长调节机理提供理论依据,而且对谷田节肥减药和干旱缓解具有重要作用。

1.6.2　技术路线

本书所进行研究的技术路线如图 1.1。

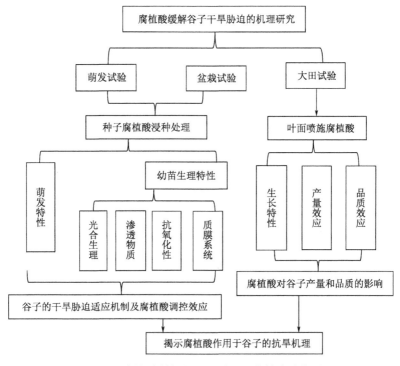

图 1.1　腐植酸缓解谷子干旱机理的技术路线图

第2章 腐植酸对干旱胁迫下谷子种子萌发的影响

随着全球气候的不断变化,水资源紧缺问题日益突显,据统计,全球每年因干旱导致的粮食减产占减产总量的 50% 以上,干旱成为影响粮食作物产量的最主要非生物胁迫因子,因此,提高作物的抗旱能力已成为现代植物研究工作中亟须解决的关键问题之一(李江 等,2010;徐丽霞 等,2016)。种子萌发是种子植物生活史的关键阶段,是衡量植物抗旱性强弱的重要时期,直接关系到作物的齐苗、壮苗情况(李培英 等,2010)。种子萌发期对水分最为敏感(山仑,1983),这一时期的干旱常使作物缺苗率达 20%,严重时高达 40%~50%,造成大面积减产,因此,作物萌发期的抗旱性研究越来越受到人们的重视。

谷子[*Setaria italica*(L.)Beauv]具有众多禾谷类作物不具有的耐逆特性,抗旱耐贫瘠、适应性强。谷子在生长发育过程中对水分的依赖远低于小麦、水稻、玉米等作物,种子萌发需水量为种子重量的 26%,小麦玉米等作物需水量则达到 43% 以上,但谷子在萌发期对水分亏缺还是比较敏感的,水分供应不足可致萌发受阻,使谷子出苗率及幼苗成活率降低,严重影响谷子的产量(白玉,2009)。因此,提高谷子在干旱条件下种子的萌发及幼苗生长,是谷子大田生产中急需解决的问题。

浸种是提高种子抗旱能力的常用方法之一,研究表明,应用植物激素、化学药剂等方法对种子浸种,可不同程度提高种子的发芽率、发芽势等萌发指数,从而提高种子的抗旱能力(牟筱铃,2008;柯贞进 等,2015)。

腐植酸(Humic acid,HA)是一类天然有机物质,主要存在于土壤、泥炭、煤、水域等中,且含量丰富(Simpson et al.,2002),按照在溶剂中的溶解性和颜色分类,可分为黄腐酸、棕腐酸、黑腐酸,在缓解多种逆境对作物的胁迫中发挥了重要作用(García et al.,2014;马建军 等,2005;郭伟 等,2011)。Hassan 等(2017)研究腐植酸对小麦种子萌发的影响,结果表明,腐植酸可显著提高发芽率,促进根的生长。回振龙等(2013)研究表明,黄腐酸浸种显著提高了 PEG 模拟干旱胁迫下紫花苜蓿的发芽率、发芽势、发芽指数、活力指数和幼苗株高、生物量,有效缓解了干旱对紫花苜蓿萌发的影响。

本书以山西省大面积推广的晋谷 21 号和张杂 10 号为材料,研究不同浓度腐植酸对干旱胁迫下谷子种子萌发、幼苗及根系生长的影响,筛选出干旱胁迫下促进谷子萌发的最佳腐植酸浓度,为进一步研究腐植酸调控干旱胁迫下谷子幼苗的机理和缓解效应提供理论依据,对我国干旱、半干旱地区谷田出苗率和光合群体的建立具有重要意义,可一定程度上克服土壤墒情的影响,进而提高谷子的产量。

2.1　材料与方法

2.1.1　试验材料

供试谷子品种为普通优质谷子晋谷 21 号(山西省农业科学院经济作物研究所选育)和杂交高产谷子张杂 10 号(河北省张家口市农业科学院选育)。

腐植酸(Humic acid,HA)分子式:$C_9H_9NO_6$,分子量:227.17,由山东西亚化学工业有限公司生产。PEG-6000,分子式为 $HO(CH_2CH_2O)_nH$,由北京索莱宝科技有限公司生产。

2.1.2　试验设计

试验于 2016—2017 年在山西农业大学化学除草与化学调控实验室进行,前期预试验筛选出 PEG 处理浓度为 18%。试验设有 CK(蒸馏水浸种作对照)和 $T_1 \sim T_5$(腐植酸浸种,浸种浓度分别为 50 mg/L、100 mg/L、200 mg/L、300 mg/L、400 mg/L),进行腐植酸作用于谷子的萌发试验;另一组试验设有 CK(蒸馏水浸种,不进行干旱胁迫),T_0(蒸馏水浸种,18% 的 PEG 进行干旱胁迫)和 $T_1 \sim T_5$(不同浓度腐植酸浸种处理,18% 的 PEG 进行干旱胁迫),进行腐植酸作用于干旱胁迫下谷子的萌发试验。

挑选籽粒成熟饱满、大小一致、谷壳完整的晋谷 21 号和张杂 10 号种子,用0.5%的次氯酸钠(NaClO)对种子消毒5 min,去离子水清洗3次,滤纸吸干种子表面的水分。将谷子种子用不同浓度的腐植酸浸种12 h,以蒸馏水作为对照,浸种结束后,将种子置于滤纸上自然风干。

试验采用PEG-6000分析纯为渗透剂,模拟干旱胁迫,配制胁迫浓度为18%,使用直径为9 cm的培养皿并铺有两层滤纸为发芽床,将浸种后的晋谷21号和张杂10号种子50粒置于培养皿中,用移液枪加入5 mL蒸馏水或PEG-6000溶液,加盖后置于25 ℃恒温培养箱中黑暗培养,试验设3次重复。每天定时调查种子的发芽数,以胚根和胚芽的长度均超过种子直径的一半为发芽标准,分别于第2天和第7天调查发芽势和发芽率,第8天在培养皿中选取长势一致的10株幼苗,测其根长、芽长及干鲜重。

2.1.3　测定指标及方法

于处理后第8天测芽长、根长,分别取下根、芽称其鲜重,后置于105 ℃烘箱内杀青15 min,80 ℃烘干至恒重分别称其干重。参考张智猛等(2011)及张健等(2007)的方法计算以下各项指标:

发芽势(G_e)＝n/N×100%(n:第2天发芽数;N:种子总数);

发芽率(G_r)＝n/N×100%(n:第7天发芽数;N:种子总数);

相对发芽势＝处理发芽势/对照发芽势×100%;

相对发芽率＝处理发芽率/对照发芽率×100%;

萌发指数(PI)＝$1.00×nd_1＋0.75×nd_2＋0.50×nd_3＋0.25×nd_4$

（nd_1、nd_2、nd_3、nd_4 分别为第 1、2、3、4 天的种子发芽率）；

活力指数（VI）＝PI×S_x（S_x 为第 8 天芽长平均长度）；

种子萌发抗旱指数＝干旱胁迫下处理组种子萌发指数（PIS）/对照组种子萌发指数（PIC）；

种子活力抗旱指数＝干旱胁迫下处理组种子活力指数（VIS）/对照组种子活力指数（VIC）。

2.1.4　耐旱性综合评价

应用模糊数学中隶属函数值法（李佳 等,2019），对各浓度腐植酸处理下晋谷 21 号和张杂 10 号两个品种谷子进行抗旱性综合分析。

隶属函数公式为：

$U(X_i) = (X_i - X_{min})/(X_{max} - X_{min})$（指标性状与抗旱性呈正相关）

$U(X_i) = 1 - (X_i - X_{min})/(X_{max} - X_{min})$（指标性状与抗旱性呈负相关）

式中：$U(X_i)$ 为隶属函数值；X_i 为各处理水平下某指标的测定值；X_{max} 和 X_{min} 分别为所有处理水平下某指标内的最大值和最小值。最后将各处理浓度下每个抗旱指标的隶属函数值进行累加，求其平均值，进行抗旱性排序，平均值越大，抗旱性越强。

2.1.5　数据处理与分析

利用 Microsoft Excel 2010 软件进行数据处理，采用 DPS 6.5 软

件进行数据统计分析及绘图,并用平均值±标准误表示测定结果,采用 Duncan 法进行差异显著性检验($P<0.05$)。

2.2　结果与分析

2.2.1　腐植酸浸种对谷子种子萌发的影响

由表 2.1 可知,随着腐植酸浓度的增加,晋谷 21 号和张杂 10 号种子发芽势、发芽率、萌发指数和活力指数均基本呈现先升高后降低的趋势,其中晋谷 21 号的发芽率和活力指数显著高于 CK(蒸馏水浸种),在 HA 处理为 T_2、T_3 时效果最明显,发芽率比 CK 处理提高了 6.43%,活力指数比 CK 分别提高了 7.96%、13.03%,且差异显著;张杂 10 号的发芽势、发芽率、萌发指数和活力指数均高于 CK 处理,在 HA 处理为 T_2 时效果最为明显,分别比 CK 处理显著提高了 15.58%、17.05%、25.06%、33.80%($P<0.05$)。说明适宜浓度的腐植酸浸种可明显提高谷子的萌发能力,但品种间存在差异,张杂 10 号更为敏感、效果更好。

表 2.1　腐植酸浸种对谷子种子萌发的影响

品种	处理	发芽势/%	发芽率/%	萌发指数	活力指数
晋谷 21 号	CK	0.8167±0.0167a	0.9083±0.0220b	1.390±0.018a	9.255±0.075c
	T_1	0.8233±0.0344a	0.9333±0.0083ab	1.383±0.028a	9.504±0.327bc

品种	处理	发芽势/%	发芽率/%	萌发指数	活力指数
晋谷 21 号	T_2	0.8500±0.0289a	0.9667±0.0220a	1.463±0.034a	9.992±0.232ab
	T_3	0.8333±0.0220a	0.9667±0.0220a	1.438±0.035a	10.461±0.229a
	T_4	0.8417±0.0220a	0.9500±0.0100ab	1.444±0.049a	9.456±0.172bc
	T_5	0.8250±0.0144a	0.9667±0.0083a	1.363±0.051a	9.542±0.167bc
张杂 10 号	CK	0.6417±0.0083b	0.7333±0.0083b	0.906±0.011d	6.521±0.223c
	T_1	0.7333±0.0219a	0.8167±0.0300ab	1.106±0.043ab	7.709±0.170b
	T_2	0.7417±0.0169a	0.8583±0.0083a	1.133±0.029a	8.725±0.338a
	T_3	0.6250±0.0126b	0.8333±0.0309a	1.042±0.006bc	8.295±0.296ab
	T_4	0.7250±0.0275a	0.8083±0.0300ab	1.058±0.018ab	8.625±0.208a
	T_5	0.4833±0.0167c	0.7750±0.0382ab	0.965±0.028cd	7.614±0.335b

注:CK、T_1、T_2、T_3、T_4、T_5 分别代表不同腐植酸浓度(0 mg/L、50 mg/L、100 mg/L、200 mg/L、300 mg/L 和 400 mg/L),同一列不同小写字母表示在 0.05 水平差异显著,后表同。

2.2.2　腐植酸浸种对谷子幼苗生长的影响

如表 2.2 所示,腐植酸浸种处理后,晋谷 21 号和张杂 10 号的芽长、根长、鲜重和干重随 HA 浓度的增加呈先升高后降低的趋势,且两品种的各生长指标基本均高于 CK 处理。HA 处理为 T_3 时,两品种的芽长和根长均显著高于 CK,晋谷 21 号分别提高了 15.77%、11.46%,张杂 10 号分别较 CK 提高了 16.67%、36.97%($P<0.05$)。HA 处理

为 T_2 时,两品种的鲜重较 CK 处理差异显著,分别提高了 8.67%、26.45%;晋谷 21 号的干重较 CK 显著增加了 13.64%($P<0.05$),而张杂 10 号的干重在处理 T_3 时效果最好、增加了 9.22%,但差异不显著。说明适宜浓度的腐植酸促进了谷子茎和根的生长,并有效提高了谷子的鲜重和干重,促进了幼苗的生长和干物质的积累。

表 2.2 腐植酸浸种对谷子幼苗生长的影响

品种	处理	芽长/cm	根长/cm	鲜重/g	干重/g
晋谷 21 号	CK	6.277±0.247b	6.543±0.111b	0.1881±0.0041b	0.0242±0.0009b
	T_1	6.337±0.120b	6.490±0.211b	0.1926±0.0033ab	0.0243±0.0010b
	T_2	6.877±0.296ab	6.747±0.023ab	0.2044±0.0046a	0.0275±0.0003a
	T_3	7.267±0.245a	7.293±0.292a	0.2022±0.0038a	0.0270±0.0010ab
	T_4	6.950±0.139ab	6.847±0.382ab	0.1976±0.0037ab	0.0261±0.0012ab
	T_5	6.623±0.231ab	6.357±0.092b	0.1911±0.0049ab	0.0267±0.0003ab
张杂 10 号	CK	6.977±0.118b	4.580±0.199c	0.1641±0.0056c	0.0206±0.0005ab
	T_1	7.207±0.369ab	5.400±0.250bc	0.1946±0.0065ab	0.0220±0.0004a
	T_2	7.723±0.215ab	5.847±0.229ab	0.2075±0.0069a	0.0215±0.0005a
	T_3	8.140±0.328a	6.273±0.387a	0.1759±0.0024bc	0.0225±0.0008a
	T_4	7.967±0.321ab	5.367±0.242bc	0.1918±0.0118ab	0.0211±0.0003ab
	T_5	7.910±0.462ab	5.317±0.262bc	0.1980±0.0025ab	0.0193±0.0007b

2.2.3　腐植酸浸种对干旱胁迫下谷子种子萌发的影响

由表 2.3 可知，干旱胁迫下（T_0），晋谷 21 号和张杂 10 号的发芽势、发芽率、萌发指数和活力指数显著低于正常供水处理（CK），分别降低了 16.50％、9.74％、8.11％、27.86％和 45.07％、7.76％、24.09％、31.14％（$P<0.05$），说明干旱胁迫对两品种谷子种子的萌发能力具有抑制作用。

表 2.3　腐植酸浸种对干旱胁迫下谷子种子萌发的影响

品种	处理	发芽势/％	发芽率/％	萌发指数	活力指数
晋谷 21 号	CK	0.8583±0.0220a	0.9417±0.0083a	1.381±0.026a	7.832±0.234a
	T_0	0.7167±0.0363c	0.8500±0.0250b	1.269±0.006bc	5.650±0.046e
	T_1	0.8000±0.0144ab	0.9000±0.0144ab	1.256±0.020bcd	6.221±0.230cd
	T_2	0.8500±0.0301a	0.8917±0.0300ab	1.329±0.029ab	6.925±0.136b
	T_3	0.8083±0.0300ab	0.9333±0.0167a	1.290±0.026b	5.904±0.154cde
	T_4	0.7417±0.0219bc	0.9083±0.0167ab	1.213±0.021cd	6.393±0.161c
	T_5	0.8000±0.0144ab	0.9083±0.0083ab	1.188±0.026d	5.737±0.161de
张杂 10 号	CK	0.5917±0.0300a	0.8583±0.0083a	1.046±0.032a	5.854±0.102a
	T_0	0.3250±0.0250d	0.7917±0.0300bc	0.794±0.026c	4.031±0.151c
	T_1	0.4333±0.0220bc	0.8250±0.0144ab	0.890±0.015b	5.523±0.129ab
	T_2	0.4667±0.0300b	0.8500±0.0289ab	0.900±0.013b	5.684±0.078a
	T_3	0.4333±0.0220bc	0.8417±0.0083ab	0.898±0.015b	5.573±0.089ab
	T_4	0.4000±0.0250bcd	0.8167±0.0083abc	0.904±0.019b	5.426±0.139ab
	T_5	0.3667±0.0220cd	0.7583±0.0167c	0.877±0.020b	5.166±0.205b

腐植酸浸种可显著提高干旱胁迫下谷子的萌发能力，随着 HA 浓度的增加，两品种的发芽势、发芽率、萌发指数和活力指数呈现先升高后降低的趋势。其中，晋谷 21 号的发芽势和活力指数在 T_2 时分别较 T_0 显著提高 18.60%、22.57%，发芽率在 $T_1 \sim T_5$ 均高于 T_0，且在 T_3 时显著增加了 9.80%；张杂 10 号的发芽势在 $T_1 \sim T_3$ 处理均显著高于 T_0，且在 T_2 时效果最好增加了 43.60%，而萌发指数和活力指数在 $T_1 \sim T_5$ 时均显著高于 T_0，且在 T_4 和 T_2 时效果最好分别较 T_0 增加了 13.85%、41.00%（$P < 0.05$）。晋谷 21 号的发芽势、发芽率、萌发指数和张杂 10 号的发芽率、活力指数在最佳处理时（T_2 或 T_3），与正常供水 CK 处理相比差异不显著，说明适宜浓度的腐植酸有效缓解了干旱胁迫对种子萌发的抑制作用，且作用效果明显。

2.2.4　腐植酸浸种对干旱胁迫下谷子幼苗生长的影响

由表 2.4 可知，干旱胁迫显著抑制了晋谷 21 号和张杂 10 号谷子芽和根的生长，晋谷 21 号的芽长和根长较 CK 处理分别降低了 21.42%、19.98%，张杂 10 号的芽长和根长分别降低了 22.25%、18.62%，且差异显著；两品种的鲜重和干重在干旱处理后显著降低，较 CK 处理分别降低了 19.33%、20.87% 和 24.73%、10.45%（$P < 0.05$）。

干旱胁迫下，随着腐植酸浓度的增加，晋谷 21 号和张杂 10 号谷子的芽长、根长、鲜重、干重呈先升高后降低的趋势。在 HA 处理为 $T_1 \sim T_4$ 时，晋谷 21 号的芽长、根长、干重均显著高于 T_0 处理，且芽长、根长

分别在 T_2、T_4 效果最佳,分别提高了 17.38%、19.28%,干重在 T_3 显
著提高了 23.88%;张杂 10 号的芽长、根长、鲜重在 T_3 处理效果最佳,
分别较 T_0 提高了 25.01%、13.65%、10.13%($P<0.05$),且差异显
著。干旱胁迫后,腐植酸处理对两品种根的生长效果最为明显,与正常
供水 CK 相比差异不显著,说明腐植酸浸种可明显促进谷子根的生长,
提高水分利用效率,缓解干旱胁迫对谷子生长造成的伤害。

表 2.4　腐植酸浸种对干旱胁迫下谷子幼苗生长的影响

品种	处理	芽长/cm	根长/cm	鲜重/g	干重/g
晋谷 21 号	CK	5.667±0.130a	7.907±0.188a	0.1676±0.0046a	0.0254±0.0004a
	T_0	4.453±0.048c	6.327±0.139c	0.1352±0.0025b	0.0201±0.0006c
	T_1	4.953±0.127b	7.160±0.171b	0.1395±0.0028b	0.0236±0.0003b
	T_2	5.227±0.236b	7.467±0.227ab	0.1401±0.0005b	0.0244±0.0004ab
	T_3	4.873±0.104b	7.447±0.207ab	0.1339±0.0035b	0.0249±0.0005ab
	T_4	4.967±0.131b	7.547±0.093ab	0.1387±0.0023b	0.0237±0.0005b
	T_5	4.830±0.032bc	6.960±0.261b	0.1342±0.0040b	0.0235±0.0004b
张杂 10 号	CK	6.530±0.153a	6.390±0.256a	0.1666±0.0041a	0.0220±0.0005a
	T_0	5.077±0.039d	5.200±0.157c	0.1254±0.0030c	0.0197±0.0003b
	T_1	5.347+0.062cd	5.343±0.087bc	0.1362±0.0023bc	0.0201±0.0005b
	T_2	6.200±0.259ab	5.457±0.221bc	0.1366±0.0030bc	0.0211±0.0006ab
	T_3	6.347±0.338ab	5.910±0.133ab	0.1381±0.0035b	0.0206±0.0005ab
	T_4	5.877±0.079bc	5.867±0.219ab	0.1375±0.0014bc	0.0205±0.0006ab
	T_5	5.890±0.191bc	5.613±0.224bc	0.1365±0.0066bc	0.0198±0.0006b

2.2.5　腐植酸浸种对干旱胁迫下谷子抗旱指数的影响

如图 2.1 所示,干旱胁迫下,晋谷 21 号和张杂 10 号的萌发抗旱指数、活力抗旱指数随着腐植酸浓度的增加呈现先升高后降低的趋势。晋谷 21 号的萌发抗旱指数在处理 $T_2 \sim T_3$ 时高于 T_0 处理,但差异不显著,其他处理均低于 T_0 处理;张杂 10 号的萌发抗旱指数在腐植酸处理 $T_1 \sim T_4$ 均显著高于 T_0 处理,且在 T_4 处理效果最佳比 T_0 显著增加了 13.76%。晋谷 21 号的活力抗旱指数在 T_2 处理较 T_0 显著增加了 22.49%;张杂 10 号的活力抗旱指数在 HA 处理 $T_1 \sim T_5$ 时均显著高于 T_0 处理,在 T_2 处理效果最佳,较 T_0 显著增加了 40.85%($P <$ 0.05)。说明适宜浓度的腐植酸可显著提高谷子的萌发抗旱指数和活力抗旱指数,有效缓解了干旱胁迫对谷子萌发的抑制作用。

2.2.6　谷子萌发期抗旱性指标隶属函数值法评价

以不同浓度腐植酸浸种处理下谷子萌发期各相关指标为依据,计算每个指标的隶属函数值,采用模糊数学中隶属函数值法对晋谷 21 号和张杂 10 号分别进行综合分析。由表 2.5 可知,随着腐植酸浓度的增加,两个品种谷子的抗旱性呈先升高后降低的趋势,晋谷 21 号的 T_2 处理平均值达到 0.98,而张杂 10 号的 T_2、T_3 处理的平均值分别为 0.90、0.91,明显高于其他处理。综合分析,腐植酸对干旱胁迫下谷子的最佳作用浓度为 T_2(100 mg/L)。

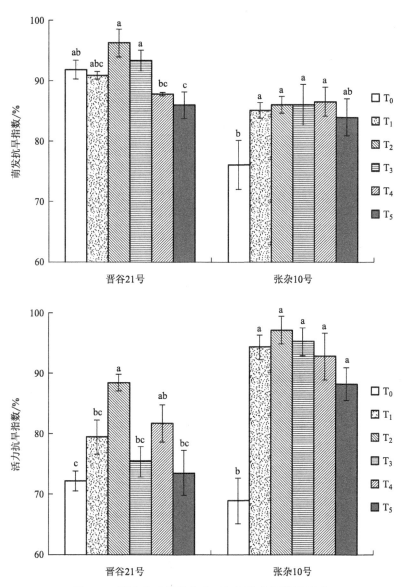

图 2.1　腐植酸对干旱胁迫下谷子抗旱指数的影响

（注：同组不同字母 a、b、c 表示在 0.05 水平差异显著）

表 2.5　谷子抗旱指标隶属函数值及综合评价

品种	处理	发芽势/%	发芽率/%	萌发指数	活力指数	芽长/cm	根长/cm	鲜重/g	干重/g	萌发抗旱指数	活力抗旱指数	平均值	排序
晋谷21号	T_0	0.00	0.00	0.57	0.00	0.00	0.00	0.21	0.00	0.57	0.00	0.14	6
	T_1	0.62	0.55	0.49	0.45	0.65	0.68	0.90	0.73	0.48	0.45	0.60	2
	T_2	1.00	1.00	1.00	1.00	1.00	0.93	1.00	0.90	1.00	1.00	0.98	1
	T_3	0.69	0.91	0.72	0.20	0.54	0.92	0.00	1.00	0.72	0.20	0.59	3
	T_4	0.19	0.64	0.18	0.58	0.66	1.00	0.77	0.75	0.17	0.59	0.55	4
	T_5	0.62	0.64	0.00	0.07	0.49	0.52	0.05	0.71	0.00	0.08	0.32	5
张杂10号	T_0	0.00	0.36	0.00	0.00	0.00	0.00	0.00	0.00	0.00	0.00	0.04	6
	T_1	0.76	0.73	0.87	0.90	0.21	0.20	0.85	0.29	0.86	0.90	0.66	4
	T_2	1.00	1.00	0.96	1.00	0.88	0.36	0.88	1.00	0.96	1.00	0.90	2
	T_3	0.76	0.91	0.94	0.93	1.00	1.00	1.00	0.64	0.95	0.93	0.91	1
	T_4	0.53	0.64	1.00	0.84	0.63	0.94	0.95	0.57	1.00	0.85	0.79	3
	T_5	0.29	0.00	0.75	0.69	0.64	0.58	0.87	0.07	0.76	0.68	0.53	5

2.3　讨论

种子的发芽率和发芽势是衡量种子品质的指标,发芽势高的种子代表萌发后发芽整齐均匀(张艳福 等,2015);萌发指数综合了种子的萌发数量、速度及整齐度等 3 个因素(李志萍 等,2015);活力指数代表了种子萌发的潜势、生长和生产潜力(罗冬 等,2015)。种子萌发后的芽长、根长、鲜重和干重是其幼苗生长的重要指标。腐植酸可提高燕麦的发芽率(牛瑞明 等,2010),可显著提高小麦种子活力(肖艳 等,2005),并促进小麦和玉米等的根系生长(Lodhi et al.,2014)。本研究表明,不同浓度腐植酸浸种处理提高了晋谷 21 号和张杂 10 号谷子的发芽势、发芽率、萌发指数、活力指数,其中 $T_2 \sim T_3$ 处理效果显著,说明适宜浓度的腐植酸浸种可明显提高谷子的萌发能力,但品种间存在差异,张杂 10 号更为敏感、效果更好,原因在于张杂 10 号本身的发芽势、发芽率等萌发指标明显低于晋谷 21 号。适宜浓度的腐植酸促进了谷子茎和根的生长,并有效提高了谷子的鲜重和干重,促进了幼苗生长和干物质的积累。结果表明,适宜浓度的腐植酸对谷子种子萌发和幼苗生长具有明显的促进作用。

种子萌发对水分亏缺较为敏感,干旱胁迫会对种子萌发产生明显的抑制作用,在大田生产中土壤干旱是影响种子萌发的主要因素。张锦鹏等(2005)通过对 5 个谷子品种进行抗旱性研究,结果表明,在渗透胁迫条件下萌发率可作为快速鉴定谷子抗旱性的筛选指标。高汝勇等

(2013)利用 PEG 模拟干旱胁迫对 12 个谷子品种进行抗旱性研究,结果表明,干旱胁迫对谷子各品种的发芽率、发芽指数、根长、苗高、鲜质量、活力指数等均有明显的抑制作用,且这 6 个指标可作为谷子萌发期抗旱性的鉴定指标。本研究表明,与正常水分条件相比,干旱胁迫对晋谷 21 号和张杂 10 号的种子萌发有明显的抑制作用,腐植酸浸种处理后两品种的种子发芽势、活力指数、芽长、根长均有所提高,其中 HA 处理浓度为 100 mg/L 和 200 mg/L 效果最佳。所以,适宜浓度的腐植酸可有效缓解干旱胁迫对种子萌发的伤害,对谷子种子的萌发和幼苗生长具有明显的促进作用。本研究与回振龙等(2013)的研究结果一致,黄腐酸浸种可提高 PEG 模拟干旱胁迫下紫花苜蓿种子的发芽率、发芽势、发芽指数、活力指数、株高及生物量等。且在大田生产中,黄腐酸浸种可有效促进燕麦和谷子的出苗,提高大田出苗率,可补偿干旱造成的水分缺失(贺丽萍,2015)。

抗旱指数是衡量作物抗旱性的重要指标,包括萌发抗旱指数和活力抗旱指数。本研究表明,干旱胁迫后,腐植酸浸种可显著提高晋谷 21 号和张杂 10 号两个品种的萌发抗旱指数和活力抗旱指数,腐植酸浓度为 100 mg/L 时对晋谷 21 号效果最佳,而腐植酸浓度为 50～300 mg/L 对张杂 10 号作用均差异显著。但要准确定义谷子的抗旱性单靠抗旱指标还远远不够,采用隶属函数值法,进行多指标的综合评价,可消除单一指标的片面性,更具可行性和可靠性(何芳兰 等,2011)。本研究利用隶属函数值法,对各腐植酸浓度浸种处理下两个品种谷子萌发期抗旱性指标进行了综合分析和排序,结果表明,不同浓度的腐植酸处理对晋谷 21 号和张杂 10 号种子萌发及幼苗生长均有促进作用，其中 100 mg/L 的腐植酸对晋谷 21 号效果最佳，100～200 mg/L 的腐植酸对张杂 10 号的效果最为明显，结合抗旱指标综合分析，腐植酸对干旱胁迫下谷子的最佳处理浓度为 100 mg/L。腐植酸能促进种子萌发和幼苗生长，可能由于腐植酸具有亲水性的官能团，对水分有较强的吸附能力（蓝江林 等，2014），为种子萌发提供更多的水分保证，从而促进种子萌发和幼苗生长。本试验探讨了腐植酸浸种对谷子种子萌发和幼苗生长的作用，对于腐植酸在干旱胁迫下的作用机理还有待进一步研究。

2.4　结论

正常水分条件下，腐植酸可明显提高谷子的萌发能力和幼苗生长。干旱胁迫下，腐植酸浸种明显提高了谷子种子发芽势、活力指数、芽长、根长。结果表明，100 mg/L 腐植酸对干旱胁迫下谷子萌发及幼苗生长有明显的促进作用，提高水分利用效率，有效缓解了干旱胁迫对谷子萌发和幼苗生长的抑制作用，提高了谷子的抗旱性，为腐植酸在大田生产中的应用提供了一定的理论基础。

第3章 腐植酸对干旱胁迫下谷子光合生理特性的影响

谷子(*Setaria italic. L*)是起源于中国的传统粮食作物,目前在中国、印度等地的干旱和半干旱地区广泛种植,具有耐瘠耐旱、基因组小和生长周期短等特点,已成为禾本科作物抗逆机理研究的模式植物(Ajithkumar et al.,2014)。随着全球气候的不断变化,水资源紧缺问题日益突出,据统计,全球每年因干旱导致的粮食减产占减产总量的50%以上,干旱成为影响粮食作物产量的最主要非生物胁迫因子之一,因此提高作物的抗旱能力已成为现代植物研究工作中急需解决的关键问题之一(李江 等,2010;徐丽霞 等,2016)。腐植酸(Humic acid,HA)是一类成分复杂的天然有机物质,主要存在于褐煤、泥炭中,且含量丰富(Simpson et al.,2002),可提高光合作用,并广泛参与其他生理过程,促进植物生长发育(肖晓璐 等,2018;Canellas et al.,2011;梁太波 等,2007),在缓解多种逆境对作物的胁迫中发挥了重要作用(García et al.,2014;Hanafy et al.,2013;马建军 等,2005;郭伟 等,2011)。研究腐植酸对谷子幼苗光合荧光特性的影响,对谷田腐植酸的利用和干旱胁迫的缓解作用具有重要意义。张沁怡等(2015)研究表明,施用腐植酸肥后,水稻抽穗期剑叶净光合速率、胞间 CO_2 浓度、蒸腾速率、气孔导度均增加。适宜浓度的黄腐酸钾可提高玉米细胞保护酶含量,降低丙二醛含量和膜脂过氧化程度,增加膜的稳定性,提高植物抗旱性(张小冰 等,2011)。孟丽霞(2009)在烤烟上的研究表明,叶面喷施不同浓度腐植酸钾后,其光合参数均有提高。小麦临界期干旱时喷施腐植酸类物质能使小麦叶片气孔开张度减小,蒸腾降低,水分消耗速度减慢,从而使小麦体内水势提高,小麦抗旱性提高(许旭旦 等,1983)。适宜浓度的腐植酸还可提高叶绿素含量,促进光合作用,提高作物产量,缓解干旱胁迫对作物的抑制作用(刘伟 等,2014)。腐植酸对促进作物生长、提高产量、提高抗逆性等方面有重要作用(回振龙 等,2013;Heil,2005;Nardi et al.,2002)。目前,未见到腐植酸在缓解谷子干旱胁迫方面的相关报道。为此,用不同浓度腐植酸对谷子进行浸种处理,在幼苗期进行干旱胁迫,研究其对谷子光合参数、叶绿素荧光(PSⅡ)参数和 P_{700}(PSⅠ)参数的影响,旨在从光合、荧光等角度阐明腐植酸缓解谷子干旱胁迫的光合生理特性。

3.1　材料与方法

3.1.1　材料与试剂

供试谷子品种为普通优质谷子晋谷 21 号(山西省农业科学院经济作物研究所)和杂交高产谷子张杂 10 号(河北省张家口市农业科

学院)。

腐植酸(Humic acid,HA)分子式:$C_9H_9NO_6$,分子量:227.17,由山东西亚化学工业有限公司生产;泥炭土有机基质由丹麦品氏托普(集团)公司生产。

3.1.2　试验设计

试验于 2016—2017 年 6—8 月在山西农业大学化学除草与化学调控实验室及露天天台进行。将谷子种子用不同浓度(50 mg/L、100 mg/L、200 mg/L、300 mg/L、400 mg/L)的腐植酸浸种 12 h,以清水作为对照。浸种结束后,将种子置于滤纸上自然风干。

采用完全随机设计,将晋谷 21 号和张杂 10 号的种子均匀播种于 13 cm×15 cm 装有基质的营养钵中,每个处理重复 3 次,置于露天天台上自然生长,并用遮阳网做 50% 遮阴保护。种子萌发后,每天正常浇水以确保幼苗正常生长,待幼苗长至 3~5 叶期时测定光合生理指标(0 d),停止浇水,进行水分胁迫处理(自然干旱),胁迫后分别于 5 d 和 10 d 测定光合生理指标。利用土壤水分测定仪 TDR300(Spectrum,USA)测定基质含水量,各处理 0 d、干旱 5 d 和 10 d 的含水量分别为 50.20%、36.80%、19.30%。

3.1.3　测定指标及方法

3.1.3.1　叶绿素含量(SPAD 值)的测定

相对叶绿素含量(SPAD)测定采用 SPAD-502 便携式叶绿素测定

仪(日本 Konica 公司),每个处理选取生长一致的谷子幼苗 3 株(挂牌标记),测其倒二叶的叶基部、中部和叶尖 SPAD 值,取平均值。

3.1.3.2 光合气体交换参数的测定

采用 Li-6800 便携式光合作用测定系统(美国 Li-COR 公司),选取标记好的谷子幼苗,测其完全展开的倒二叶中部,测定蒸腾速率(T_r)、净光合速率(P_n)、气孔导度(G_s)和胞间 CO_2 浓度(C_i),测定时光源使用红蓝配比为 10% 蓝光和 90% 红光,光强设置为 800 $\mu mol/(m^2 \cdot s)$,CO_2 浓度为 400 $\mu mol/mol$,当 P_n 达到稳态时记录数据。

3.1.3.3 叶绿素荧光(PSⅡ)和 P_{700}(PSⅠ)参数的测定

使用 Dual-PAM-100 荧光仪(德国 WALZ 公司)同步测量 P_{700}(PSⅠ)与叶绿素荧光(PSⅡ)参数,采用 DualPAM 软件中的 Automated Induction and Recovery Curve(自动诱导和复原曲线)程序,叶片经 30 min 暗适应后在"Fluo＋P_{700}"模式下进行慢速动力学曲线测定,仪器同时记录叶绿素荧光诱导曲线和 P_{700} 氧化动力学曲线。

首先,通过"饱和脉冲"法测得初始荧光(F_0)和最大荧光(F_m),随后远红光适应后打开饱和脉冲光(SP)[4000 $\mu mol(photon)/(m^2 \cdot s)$,800 ms]测量最大 P_{700} 信号(P_m),最后,照射光化光[130 $\mu mol(photon)/(m^2 \cdot s)$]和每 20 s 产生的饱和脉冲光来分析荧光和 P_{700} 参数。

PSⅡ最大光化学效率(F_v/F_m)＝(F_m－F_0)/F_m,PSⅡ的潜在光化学活力(F_v/F_0)＝(F_m－F_0)/F_0,其他 PSⅡ能量耗散参数由 Dual PAM 软件产生。光化学猝灭,qP＝(F_m'－F)/(F_m'－F_0')由光合作用

引起的荧光猝灭,反映了光合活性的高低。PSⅡ叶片表观光合电子传递速率 ETRⅡ＝PAR×0.84×0.5×Y_{II},用来测量由光反应引起的碳固定产生的电子传递。PSⅡ能量传递的三个互补量子产量的计算参考 Kramer 等(2004)的方法:光适应下 PSⅡ实际光化学效率 Y(Ⅱ)＝$(F'_m-F)/F'_m$,非光化学猝灭:NPQ＝F_m/F'_m-1。

P_{700} 氧化是通过近红外光(830～875 nm)的吸光度变化来检测(Klughammer et al. ,2008),P_m 表示完全氧化还原过程中的最大 P_{700} 信号,PSⅠ受体限制非光化学能量耗散 Y(NA)＝$(P'_m-P_m)/P'_m$,PSⅠ光化学量子产量 Y(Ⅰ)＝$(P'_m-P)/P_m$,PSⅠ供体限制非光化学能量耗散 Y(ND)＝$(P-P_o)/P_m$,且 Y(Ⅰ)＋Y(ND)＋Y(NA)＝1,PSⅠ电子传递速率 ETR(Ⅰ)由 Dual PAM 软件产生。

3.1.4 数据处理

利用 Microsoft Excel 2010 和 DPS 6.5 软件进行数据处理和分析。采用 Duncan 新复极差法进行多重比较,表中数据均以平均值±标准差表示。

3.2 结果与分析

3.2.1 腐植酸对干旱胁迫下谷子幼苗叶绿素含量(SPAD)的影响

在正常供水、干旱胁迫 5 d 和 10 d 时,腐植酸均可显著提高晋谷

21 号和张杂 10 号谷子叶片的 SPAD 值,且 SPAD 值随腐植酸浓度的增大呈先升高后降低的趋势,在腐植酸浓度为 T_2(100 mg/L)时,两品种的 SPAD 值达到最大,与 CK 相比分别显著增加了 30.54％、34.86％、22.37％和 12.93％、29.31％、22.08％($P<0.05$),说明不同水分条件下,腐植酸均可显著增加谷子叶片叶绿素含量。

随着处理时间的延长,晋谷 21 号和张杂 10 号的 SPAD 值整体呈降低趋势,CK 处理时,两品种干旱胁迫 5 d 的 SPAD 值比正常供水 0 d 时降低了 8.27％、9.47％,而在腐植酸浓度为 T_2 时,晋谷 21 号降低了 5.22％、张杂 10 号增加了 3.66％,说明腐植酸能延缓叶绿素含量的降低(表 3.1)。

表 3.1　腐植酸对干旱胁迫下谷子幼苗叶绿素含量(SPAD)的影响

品种	处理	时间		
		0 d	5 d	10 d
晋谷 21 号	CK	16.57±2.32b	15.20±0.95c	14.57±1.12b
	T_1	17.87±1.05b	18.77±1.65ab	15.03±0.99b
	T_2	21.63±0.87a	20.50±0.66a	17.83±0.42a
	T_3	20.17±0.64a	19.13±1.51ab	17.73±0.78a
	T_4	17.13±0.84b	17.37±1.05b	17.23±1.64a
	T_5	17.80±0.89b	18.93±0.91ab	15.90±0.95ab
张杂 10 号	CK	19.33±0.59b	17.50±1.35c	15.67±1.18bc
	T_1	19.70±1.42ab	19.40±2.33bc	14.37±1.29c
	T_2	21.83±1.62a	22.63±0.91a	19.13±0.75a

品种	处理	时间		
		0 d	5 d	10 d
	T_3	17.83±0.06b	21.03±0.81ab	17.73±2.02ab
张杂 10 号	T_4	18.77±1.72b	21.13±1.59ab	18.57±1.14a
	T_5	19.87±1.27ab	20.00±1.32abc	17.93±2.10ab

注：CK、T_1、T_2、T_3、T_4、T_5 分别代表不同腐植酸浓度（0 mg/L、50 mg/L、100 mg/L、200 mg/L、300 mg/L 和 400 mg/L），同一列不同小写字母表示在 0.05 水平差异显著，后表同。

3.2.2 腐植酸对干旱胁迫下谷子幼苗气体交换参数的影响

由表 3.2 可知,随着干旱胁迫时间的延长,晋谷 21 号和张杂 10 号的净光合速率 P_n 呈降低趋势,干旱胁迫 5 d 时,两品种清水处理 CK 的 P_n 分别比对照 0 d 降低 27.47% 和 3.58%,干旱胁迫 10 d 时,两品种分别比对照 0 d 降低 41.43% 和 39.59%。蒸腾速率 T_r 和气孔导度 G_s 的变化趋势与 P_n 相同,晋谷 21 号的 T_r 在干旱胁迫 5 d 和 10 d 时分别较 CK 降低 27.94%、42.65%,张杂 10 号的 T_r 分别降低 15.91%、40.91%;晋谷 21 号的 G_s 在干旱胁迫 5 d 和 10 d 时分别较 CK 降低 28.99%、38.10%,张杂 10 号的 G_s 分别降低 20.14%、42.13%。而 C_i 与 P_n 相反呈升高的趋势,两品种干旱胁迫 5 d 时 C_i 分别比对照增加 0.88% 和 16.11%,干旱胁迫 10 d 时 C_i 增加 16.16% 和 17.52%。

表 3.2　腐植酸对干旱胁迫下谷子幼苗气体交换参数的影响

品种	时间/d	处理	蒸腾速率 (T_r)/mol/(m²·s)	净光合速率 (P_n)/μmol/(m²·s)	气孔导度 (G_s)/mol/(m²·s)	胞间 CO_2 浓度 (C_i)/μmol/mol
晋谷 21 号	0	CK	0.0068±0.0001a	24.50±0.25ab	0.1963±0.0057ab	180.41±7.59a
		T_1	0.0066±0.0012a	22.80±1.04bc	0.1867±0.0162b	169.86±9.60ab
		T_2	0.0073±0.0003a	25.77±1.17a	0.2023±0.0076ab	161.32±10.36b
		T_3	0.0073±0.0008a	25.96±0.73a	0.2135±0.0065a	162.26±11.81b
		T_4	0.0069±0.0003a	24.41±1.49ab	0.1920±0.0144b	161.50±7.28b
		T_5	0.0061±0.0008a	21.34±2.28c	0.1651±0.0061c	179.64±8.48a
	5	CK	0.0049±0.0004b	17.77±0.90d	0.1394±0.0023d	182.00±1.97a
		T_1	0.0055±0.0004ab	20.65±0.65c	0.1559±0.0082c	180.21±7.89a
		T_2	0.0073±0.0011a	27.46±0.76a	0.2033±0.0081a	169.71±11.67b
		T_3	0.0062±0.0004ab	23.40±1.11b	0.1739±0.0109b	177.40±8.03ab
		T_4	0.0063±0.0019ab	23.72±1.37b	0.1740±0.0099b	172.22±14.72b
		T_5	0.0056±0.0015ab	19.81±1.66c	0.1545±0.0098cd	172.41±1.82b
	10	CK	0.0039±0.0003a	14.35±0.90b	0.1215±0.0062b	209.56±10.65a
		T_1	0.0043±0.0005a	15.36±0.55ab	0.1366±0.0083a	187.16±5.85ab
		T_2	0.0045±0.0012a	17.11±1.13a	0.1407±0.0024a	175.54±7.36c
		T_3	0.0038±0.0006a	15.24±1.02ab	0.1219±0.0018b	185.50±6.30ab
		T_4	0.0039±0.0010a	16.74±1.45a	0.1254±0.0046b	177.39±12.77c
		T_5	0.0037±0.0005a	15.54±1.00ab	0.1159±0.0042b	200.87±12.53ab

续表

品种	时间/d	处理	蒸腾速率 $(T_r)/\text{mol}/(m^2 \cdot s)$	净光合速率 $(P_n)/\mu\text{mol}/(m^2 \cdot s)$	气孔导度 $(G_s)/\text{mol}(m^2 \cdot s)$	胸间 CO_2 浓度 $(C_i)/\mu\text{mol}/\text{mol}$
张杂10号	0	CK	0.0044±0.0004ab	18.69±0.84b	0.1455±0.0108b	158.97±11.07a
		T₁	0.0048±0.0010ab	19.89±0.83b	0.1627±0.0098b	128.46±10.12b
		T₂	0.0056±0.0009a	22.58±0.81a	0.1884±0.0147a	126.41±5.86b
		T₃	0.0046±0.0008ab	19.12±1.13b	0.1474±0.0087b	133.20±9.79b
		T₄	0.0049±0.0010ab	18.53±1.35b	0.1570±0.0051b	128.85±9.24b
		T₅	0.0038±0.0012b	14.33±1.06c	0.1201±0.0087c	130.00±8.09b
	5	CK	0.0037±0.0015a	18.02±1.66ab	0.1162±0.0052b	184.58±8.72a
		T₁	0.0053±0.0017a	19.61±1.55a	0.1283±0.0122ab	177.10±7.67a
		T₂	0.0054±0.0006a	20.05±1.35a	0.1305±0.0027a	171.76±10.93a
		T₃	0.0051±0.0005a	18.25±0.45ab	0.1223±0.0045ab	177.76±6.01a
		T₄	0.0049±0.0005a	16.00±1.37b	0.1163±0.0081b	172.26±11.39a
		T₅	0.0048±0.0014a	13.44±1.60c	0.0842±0.0071c	177.02±8.38a
	10	CK	0.0026±0.0008ab	11.29±1.33c	0.0842±0.0048cd	186.82±10.12a
		T₁	0.0030±0.0008ab	13.53±0.77ab	0.1001±0.0074b	184.71±3.96a
		T₂	0.0035±0.0003a	15.19±1.38a	0.1210±0.0070a	171.66±9.13a
		T₃	0.0027±0.0003ab	12.12±0.44bc	0.0917±0.0029bc	174.53±8.40a
		T₄	0.0026±0.0005ab	11.95±1.49bc	0.0887±0.0090bcd	188.43±13.08a
		T₅	0.0023±0.0003b	10.28±1.23c	0.0772±0.0036d	190.63±12.98a

正常供水 0 d、胁迫 5 d 和 10 d 时,晋谷 21 号和张杂 10 号的 P_n、G_s 随腐植酸浓度的增大呈先升高后降低的趋势,而 C_i 呈先降低后升高的趋势。正常水分条件下(0 d),晋谷 21 号的 P_n、G_s 在腐植酸浓度为 T_3 时最大,比对照增加 5.96%、8.76%,张杂 10 号的 P_n 在腐植酸浓度为 T_2 时最大,比对照显著增加 20.81%、29.48%($P<0.05$),两品种的 C_i 在腐植酸浓度为 T_2 时最小,比对照降低 10.58% 和 20.48%($P<0.05$),且差异显著。不同浓度的腐植酸在一定程度上可缓解干旱胁迫对谷子的影响,两品种的 P_n、G_s 均在腐植酸浓度为 T_2 时达到最大值,晋谷 21 号在干旱胁迫 5 d 和 10 d 的 P_n、G_s 分别比 CK 显著增加 54.53%、45.84% 和 19.23%、15.80%,张杂 10 号分别比 CK 显著增加 11.27%、12.31% 和 34.54%、43.71%($P<0.05$),与正常供水时相比,从增加值可以看出,腐植酸对晋谷 21 号干旱初期作用明显,而张杂 10 号后期明显;腐植酸浸种可以降低干旱对 C_i 的影响,两品种均在 T_2 时降至最低,晋谷 21 号差异显著而张杂 10 号差异不显著。

3.2.3　腐植酸对干旱胁迫下谷子幼苗叶绿素荧光参数的影响

表 3.3 显示,随着干旱胁迫时间的延长,晋谷 21 号和张杂 10 号的 F_v/F_m、F_v/F_o、Y(Ⅱ)、ETR(Ⅱ)和 qP 呈降低趋势,而 NPQ 呈升高趋势。干旱胁迫 5 d 时两品种的 F_v/F_m、F_v/F_o、Y(Ⅱ)、ETR(Ⅱ)和 qP 分别降低了 0.32%、1.02%、18.67%、18.59%、14.02% 和 0.72%、

表 3.3 腐植酸对干旱胁迫下谷子叶片叶绿素荧光参数的影响

品种	时间/d	处理	F_v/F_m	F_v/F_o	Y(II)	ETR(II)	NPQ	qP
晋谷21号	0	CK	0.7517±0.0083a	3.029±0.135a	0.375±0.029b	66.33±3.16b	1.244±0.100a	0.642±0.035b
		T₁	0.7567±0.0107a	3.117±0.180a	0.389±0.013b	68.77±4.65b	0.792±0.080b	0.746±0.058a
		T₂	0.7593±0.0012a	3.152±0.016a	0.496±0.016a	87.77±2.77a	0.698±0.036b	0.772±0.008a
		T₃	0.7550±0.0157a	3.092±0.160a	0.491±0.019a	86.90±3.48a	0.714±0.078b	0.769±0.016a
		T₄	0.7567±0.0031a	3.111±0.056a	0.469±0.003a	83.00±5.71a	0.787±0.041b	0.748±0.031a
		T₅	0.7527±0.0150a	3.053±0.088a	0.473±0.016a	83.57±3.27a	1.208±0.134a	0.639±0.043b
	5	CK	0.7493±0.0106a	2.998±0.067a	0.305±0.009c	54.00±10.71b	1.426±0.096a	0.552±0.015d
		T₁	0.7517±0.0104a	3.042±0.039a	0.354±0.025b	62.53±4.56ab	1.254±0.077b	0.615±0.013bc
		T₂	0.7553±0.0049a	3.093±0.097a	0.400±0.031a	70.77±5.42a	1.013±0.081c	0.670±0.017a
		T₃	0.7517±0.0085a	3.037±0.134a	0.351±0.010b	62.13±6.14ab	1.227±0.061b	0.620±0.032b
		T₄	0.7530±0.0072a	3.055±0.125a	0.324±0.009bc	57.23±7.52b	1.383±0.046a	0.582±0.025cd
		T₅	0.7517±0.0059a	3.029±0.095a	0.314±0.020c	55.50±5.65b	1.413±0.041a	0.566±0.014d
	10	CK	0.7442±0.0010a	2.914±0.018a	0.169±0.015a	29.87±2.57a	1.895±0.034a	0.322±0.030a
		T₁	0.7480±0.0036a	2.967±0.069a	0.177±0.006a	31.23±1.07a	1.810±0.010ab	0.342±0.013a
		T₂	0.7483±0.0025a	2.975±0.049a	0.185±0.009a	32.73±3.14a	1.778±0.097b	0.359±0.023a
		T₃	0.7480±0.0022a	2.968±0.044a	0.173±0.008a	32.40±3.31a	1.789±0.051ab	0.347±0.012a
		T₄	0.7457±0.0122a	2.941±0.058a	0.177±0.007a	31.30±1.25a	1.809±0.067ab	0.339±0.019a
		T₅	0.7413±0.0053a	2.869±0.090a	0.183±0.009a	30.67±3.02a	1.838±0.022ab	0.330±0.027a

续表

品种	时间/d	处理	F_v/F_m	F_v/F_o	Y(II)	ETR(II)	NPQ	qP
张杂10号	0	CK	0.7497±0.0040ab	2.995±0.067ab	0.317±0.013b	56.07±1.46b	1.400±0.096a	0.603±0.016bc
		T$_1$	0.7520±0.0010ab	3.032±0.016ab	0.367±0.020a	64.83±4.63a	1.288±0.124ab	0.632±0.008ab
		T$_2$	0.7613±0.0070a	3.195±0.124a	0.373±0.033a	65.97±4.41a	1.255±0.085b	0.652±0.027a
		T$_3$	0.7603±0.0067a	3.176±0.122a	0.358±0.019ab	63.30±1.40a	1.235±0.122b	0.644±0.023ab
		T$_4$	0.7600±0.0062a	3.169±0.106ab	0.339±0.028ab	60.00±2.77ab	1.345±0.110ab	0.627±0.031abc
		T$_5$	0.7590±0.0046ab	3.145±0.080ab	0.360±0.016ab	63.70±4.00a	1.473±0.045a	0.587±0.019c
	5	CK	0.7443±0.0086a	2.916±0.038a	0.221±0.009c	39.07±5.10b	1.784±0.004a	0.442±0.038cd
		T$_1$	0.7443±0.0127a	2.920±0.100a	0.250±0.024bc	44.27±9.37b	1.707±0.055b	0.463±0.013bc
		T$_2$	0.7493±0.0049a	2.991±0.084a	0.325±0.018a	57.47±5.41a	1.442±0.024c	0.568±0.022a
		T$_3$	0.7507±0.0055a	3.010±0.086a	0.267±0.017b	47.13±6.40ab	1.435±0.040c	0.489±0.022b
		T$_4$	0.7437±0.0012a	2.898±0.018a	0.235±0.005c	41.63±3.91b	1.664±0.023b	0.479±0.023bc
		T$_5$	0.7443±0.0006a	2.908±0.009a	0.247±0.014bc	43.60±2.96b	1.784±0.043a	0.416±0.020d
	10	CK	0.7343±0.0124a	2.784±0.060a	0.158±0.012a	28.00±2.14a	1.802±0.039a	0.297±0.024a
		T$_1$	0.7363±0.0240a	2.808±0.069a	0.156±0.009a	27.50±1.61a	1.838±0.034a	0.307±0.021a
		T$_2$	0.7387±0.0106a	2.824±0.059a	0.165±0.011a	29.17±2.06a	1.732±0.033ab	0.323±0.019a
		T$_3$	0.7393±0.0060a	2.842±0.145a	0.161±0.012a	28.47±2.05a	1.636±0.035b	0.320±0.033a
		T$_4$	0.7393±0.0100a	2.839±0.087a	0.156±0.006a	27.47±1.00a	1.740±0.107ab	0.309±0.013a
		T$_5$	0.7347±0.0179a	2.784±0.064a	0.161±0.005a	28.47±2.48a	1.810±0.062a	0.311±0.022a

2.64%、30.28%、30.32%、26.70%，NPQ 分别增加了 14.63%、27.43%；干旱胁迫 10 d 时两品种的 F_v/F_m、F_v/F_o、Y(II)、ETR(II) 和 qP 分别降低了 1.00%、3.80%、54.93%、54.97%、49.84% 和 2.05%、7.05%、50.16%、50.06%、50.75%，NPQ 分别增加了 52.33% 和 28.71%

在水分处理的不同时间段，晋谷 21 号和张杂 10 号的 F_v/F_m、F_v/F_o 随 HA 浓度的增加无明显差异，Y(II)、ETR(II) 和 qP 随 HA 浓度的增加呈先升高后降低的趋势，而 NPQ 呈先降低后升高的趋势。正常水分条件下(0 d)，腐植酸可以提高谷子利用光能的能力，晋谷 21 号和张杂 10 号的 Y(II)、ETR(II) 和 qP 在 HA 为 T_2 时达到最大，分别比对照显著增加 32.27%、32.33%、20.25% 和 17.67%、17.66%、8.13%，NPQ 分别在 T_2 和 T_3 时最小，分别比对照显著降低 43.89% 和 11.79%($P < 0.05$)。干旱胁迫后，不同浓度的腐植酸在一定程度上可缓解干旱对谷子的影响，且干旱初期(5 d)差异显著，两品种的 Y(II)、ETR(II) 和 qP 在处理 T_2 分别比 CK 增加 31.15%、31.06%、21.38% 和 47.06%、47.09%、28.51%($P < 0.05$)。腐植酸可以降低干旱对 NPQ 的影响，干旱初期(5 d)和干旱后期(10 d)的晋谷 21 号在 T_2 时降至最低，分别比对照显著降低 28.96% 和 6.17%，张杂 10 号在 T_3 时降至最低，分别比对照显著降低 19.56% 和 9.21%($P < 0.05$)。从变化幅度可以看出，腐植酸对两品种正常供水和干旱初期作用更明显。

3.2.4 腐植酸对干旱胁迫下谷子幼苗 P_{700} 参数的影响

由表 3.4 可知,随着干旱胁迫时间的延长,晋谷 21 号和张杂 10 号的 P_m、$Y(I)$和 ETR(I)整体呈降低趋势,而 $Y(NA)$呈升高趋势,$Y(ND)$变化趋势不明显。干旱胁迫 10 d 时两品种的 P_m、$Y(I)$和 ETR(I)分别降低了 59.65%、48.24%、48.25%和 76.34%、61.30%、61.28%,$Y(NA)$分别增加了 96.19%和 2.06 倍。

在水分处理的不同时间段,晋谷 21 号和张杂 10 号的 $Y(ND)$变化趋势不明显,P_m、$Y(I)$、ETR(I)随 HA 浓度的增加呈先升高后降低的趋势,$Y(NA)$呈先降低后升高的趋势,其中 $Y(I)$和 $Y(NA)$在各处理时间段差异显著。正常水分条件下(0 d),晋谷 21 号和张杂 10 号的 $Y(I)$和 $Y(NA)$在 T_3 时达到最大,$Y(I)$分别比对照显著增加 17.84%和 5.57%,而 $Y(NA)$显著降低 43.48%和 13.05%($P<$0.05)。干旱胁迫后,不同浓度的腐植酸在一定程度上可缓解干旱对谷子的影响,干旱初期(5 d)两品种的 $Y(I)$在 HA 为 T_3 时最大,分别比 CK 显著增加 8.40%和 23.87%,干旱后期(10 d)两品种的 $Y(I)$分别在 HA 为 T_2、T_3 时最大,分别比 CK 显著增加 19.87%和 18.55%($P<$0.05)。腐植酸可以缓解干旱对 $Y(NA)$的影响,干旱初期(5 d)两品种的 $Y(NA)$在 HA 为 T_3 时最小,分别比对照显著降低 29.81%和 24.99%,干旱后期(10 d)其 $Y(NA)$在 HA 为 T_3 时降至最低,分别比对照显著降低 14.52%和 7.94%($P<$0.05)。干旱胁迫条件下,适宜

表 3.4　腐植酸对干旱胁迫下谷子叶片 P_{700} 参数的影响

品种	时间/d	处理	P_m	$Y(I)$	$ETR(I)$	$Y(ND)$	$Y(NA)$
晋谷 21 号	0	CK	0.0347±0.0015a	0.6613±0.0179c	116.97±3.56c	0.0347±0.0055a	0.3043±0.0136a
		T₁	0.0367±0.0021a	0.6713±0.0061c	118.70±3.10c	0.0403±0.0085a	0.2883±0.0138a
		T₂	0.0380±0.0017a	0.7787±0.0253a	137.73±1.94a	0.0397±0.0093a	0.1813±0.0132c
		T₃	0.0383±0.0015a	0.7793±0.0060a	137.80±0.96a	0.0490±0.0089a	0.1720±0.0061c
		T₄	0.0380±0.0030a	0.7357±0.0071b	130.10±1.95b	0.0370±0.0087a	0.2273±0.0131b
		T₅	0.0363±0.0006a	0.7157±0.0179b	126.57±3.09b	0.0453±0.0074a	0.2390±0.0044b
	5	CK	0.0333±0.0006b	0.6977±0.0064c	117.60±2.14b	0.0407±0.0090d	0.2617±0.0068b
		T₁	0.0350±0.0046ab	0.6650±0.0125d	123.40±5.28ab	0.0473±0.0071cd	0.2877±0.0075a
		T₂	0.0380±0.0010a	0.7507±0.0150a	132.77±9.70a	0.0543±0.0090bc	0.1943±0.0084d
		T₃	0.0347±0.0023ab	0.7563±0.0110a	133.73±5.36a	0.0597±0.0032abc	0.1837±0.0221d
		T₄	0.0347±0.0012ab	0.7180±0.0173bc	126.90±5.89ab	0.0603±0.0058ab	0.2213±0.0119c
		T₅	0.0310±0.0010b	0.7243±0.0085b	128.07±5.03ab	0.0697±0.0035a	0.2060±0.0078cd
	10	CK	0.0140±0.0010c	0.3423±0.0038c	60.53±5.74b	0.0603±0.0060b	0.5970±0.0147a
		T₁	0.0163±0.0012abc	0.3937±0.0131ab	69.67±2.31a	0.0923±0.0097a	0.5133±0.0047b
		T₂	0.0183±0.0025a	0.4103±0.0110a	72.53±3.32a	0.0743±0.0060b	0.5153±0.0075b
		T₃	0.0160±0.0010abc	0.4007±0.0154ab	70.83±6.80a	0.0890±0.0075a	0.5103±0.0091b
		T₄	0.0173±0.0006ab	0.3847±0.0064b	68.00±6.24ab	0.0890±0.0046a	0.5263±0.0085b
		T₅	0.0150±0.0010bc	0.3427±0.0103c	60.57±5.74b	0.0637±0.0110b	0.5940±0.0010a

续表

品种	时间/d	处理	P_m	Y(Ⅰ)	ETR(Ⅰ)	Y(ND)	Y(NA)
张杂 10 号	0	CK	0.0410±0.0026bc	0.7287±0.0110b	128.87±4.29a	0.0513±0.0081a	0.2200±0.0087a
		T₁	0.0447±0.0032ab	0.7543±0.0162ab	133.40±4.28a	0.0497±0.0021a	0.1960±0.0108b
		T₂	0.0430±0.0017abc	0.7543±0.0140ab	133.43±7.77a	0.0520±0.0036a	0.1940±0.0156b
		T₃	0.0467±0.0015a	0.7693±0.0210a	136.03±6.42a	0.0397±0.005ab	0.1913±0.0181b
		T₄	0.0430±0.0030abc	0.7290±0.0131b	128.87±3.50a	0.0473±0.0093a	0.2237±0.0108a
		T₅	0.0393±0.0012c	0.7533±0.0120ab	133.23±4.86a	0.0333±0.007b	0.2133±0.0090ab
	5	CK	0.0130±0.0017c	0.4567±0.0064de	80.77±1.75b	0.0347±0.0055b	0.5083±0.0167ab
		T₁	0.0167±0.0021b	0.4453±0.0105e	78.77±4.63b	0.0337±0.0067b	0.5207±0.0071a
		T₂	0.0173±0.0021b	0.5063±0.0112b	89.53±11.17ab	0.0283±0.0093b	0.4647±0.0076c
		T₃	0.0217±0.0015a	0.5657±0.0090a	100.00±12.74a	0.0530±0.0098a	0.3813±0.0116d
		T₄	0.0167±0.0015b	0.4770±0.0061c	84.33±2.25b	0.0230±0.0070b	0.5003±0.0084b
		T₅	0.0167±0.0015b	0.4740±0.0145cd	83.73±6.36b	0.0503±0.0087a	0.4763±0.0093c
	10	CK	0.0097±0.0006b	0.2820±0.0062c	49.90±0.85b	0.0430±0.0082a	0.6753±0.0081a
		T₁	0.0103±0.0015b	0.2990±0.0139b	52.87±6.95ab	0.0517±0.0068a	0.6497±0.0104ab
		T₂	0.0110±0.0010ab	0.3310±0.0066a	58.57±1.16a	0.0437±0.0078a	0.6253±0.0021b
		T₃	0.0123±0.0006a	0.3343±0.0049a	59.10±6.08a	0.0417±0.0064a	0.6217±0.0393b
		T₄	0.0100±0.0010b	0.3263±0.0040a	57.67±1.81ab	0.0523±0.0050a	0.6243±0.0021b
		T₅	0.0097±0.0012b	0.3223±0.0101a	57.00±3.47ab	0.0380±0.0044b	0.6493±0.0055ab

浓度的腐植酸延缓了 Y(Ⅰ)的降低,促进了 Y(NA)的升高,缓解了干旱胁迫对谷子幼苗的伤害。

3.2.5　腐植酸提高干旱胁迫下谷子幼苗光合效应的主成分分析

由表 3.5 可知,前 2 个主成分的累计贡献率为 88.1571%,其中 F_1 的特征值是 12.0635,第一主成分的贡献率达 75.3968%;F_2 的特征值是 2.0417,第二主成分的贡献率达 12.7603%,这 2 个主成分基本能够决定谷子的光合效应,因此提取前 2 个主成分。由表 3.6 可知,第一主成分中,F_v/F_o 的特征向量最大,其次是 F_v/F_m、NPQ、ETR(Ⅰ)、qP、Y(Ⅱ)和 ETR(Ⅱ),其中 NPQ 需负向选择,因此对第一主成分贡献率大的光合指标是 F_v/F_o、F_v/F_m、NPQ、ETR(Ⅰ)、qP、Y(Ⅱ)和 ETR(Ⅱ);第二主成分中,SPAD 的特征向量最大,其次是 C_i,需负向选择,因此对第二主成分贡献率大的主要是 SPAD 和 C_i。由此可以看出干旱胁迫下腐植酸影响谷子光合特性的主要指标是 F_v/F_o、F_v/F_m、NPQ、ETR(Ⅰ)、qP、Y(Ⅱ)和 ETR(Ⅱ)。

表 3.5　光合指标相关矩阵的特征值、贡献率和累计贡献率

主成分	特征值	贡献率/%	累计贡献率/%
F_1	12.0635	75.3968	75.3968
F_2	2.0417	12.7603	88.1571
F_3	0.8052	5.0327	93.1898

主成分	特征值	贡献率/%	累计贡献率/%
F_4	0.4451	2.7819	95.9717
F_5	0.3126	1.9537	97.9254
F_6	0.1375	0.8593	98.7846
F_7	0.0992	0.6201	99.4048
F_8	0.0711	0.4444	99.8492
F_9	0.0168	0.1052	99.9544
F_{10}	0.0062	0.0389	99.9933
F_{11}	0.0011	0.0067	100

表 3.6 主成分对应的特征向量

光合指标	特征向量	
	1	2
SPAD	-0.0363	0.6405
T_r	0.2518	0.2574
P_n	0.2476	0.1368
G_s	0.2705	0.0331
C_i	-0.1161	-0.5306
F_v/F_m	0.2768	0.0100
F_v/F_o	0.2791	-0.0115

光合指标	特征向量	
	1	2
$Y(\text{II})$	0.2734	0.1009
$ETR(\text{II})$	0.2734	0.1014
NPQ	-0.2759	-0.0831
qP	0.2744	0.0790
P_m	0.2712	-0.1842
$Y(\text{I})$	0.2710	-0.1939
$ETR(\text{I})$	0.2746	-0.1725
$Y(ND)$	0.1921	-0.2168
$Y(NA)$	-0.2695	0.2001

3.3　讨论

光合作用是植物体内有机物质合成的根本来源,也是太阳能生物利用的重要途径(张继树,2006),光合气体交换参数可以反映植物叶片通过光合作用制造碳水化合物的能力。干旱胁迫后植物叶片中的色素含量会明显降低(李泽 等,2017),影响光合作用的正常进行。本试验中,干旱胁迫显著降低晋谷 21 号和张杂 10 号谷子叶片的 SPAD 值、T_r、P_n 和 G_s,却增加了 C_i。P_n 和 T_r 的降低与 G_s 的减小有关;而 G_s

的减小伴随 C_i 的增加,说明叶肉细胞对 CO_2 的同化能力降低(原向阳等,2014);并且 P_n 下降伴随着光合色素含量的降低及 C_i 的升高,说明光合色素含量及非气孔因素共同影响谷子叶片的净光合速率。本研究表明,在不同水分条件下,腐植酸浓度为 $100\sim200$ mg/L 时,均可显著提高谷子叶片的 SPAD 值、P_n、T_r 和 G_s,降低 C_i;干旱胁迫后,100 mg/L 腐植酸浸种作用更明显,晋谷 21 号在干旱初期效果明显而张杂 10 号在后期效果明显,说明适宜的腐植酸能降低干旱对谷子叶绿体的伤害,并解除干旱对谷子非气孔因素的限制,提高光合作用,有效地缓解干旱胁迫对谷子的抑制作用。然而,张沁怡等(2015)研究表明,施用腐植酸增加了水稻抽穗期剑叶 SPAD 值、P_n、T_r、G_s 和 C_i。刘伟等(2014)研究表明,水分胁迫后,叶面喷施腐植酸水溶肥料后,叶绿素含量和 P_n 增加,T_r 减弱,从而缓解了干旱对小麦的影响。这些研究表明腐植酸对植物光合作用气孔因素的调节因施用方式、浓度、作物种类和品种的不同而表现出一定的差异。

光合作用过程中存在着两个不同的色素系统——光系统 II(PSII)和光系统 I(PSI)。光系统 II 反应中心色素分子吸收 680 nm 的红光,其主要特征是水的光解和氧气的释放。光系统 I 的作用中心色素分子最大吸收峰值在 P_{700} nm,其主要特征是 $NADP^+$ 的还原。PSII和 PSI 通过一系列电子传递体串接起来进行电子传递,最终形成NADPH。F_v/F_m 代表 PSII 的最大光化学效率,F_v/F_o 代表 PSII 的潜在光化学活力,$Y(II)$ 是 PSII 的实际光化学量子效率,三者作为光抑制的重要指标,反映 PSII 反应中心的光能转换效率,其变化可直接体现植物受胁迫的情况。本研究表明,干旱胁迫下,谷子 F_v/F_m、F_v/F_o 和 $Y(Ⅱ)$ 均降低,说明 PSⅡ 反应中心光能转换效率降低,利用光能的能力减弱。此外,F_v/F_m 在所有处理中的值均低于 0.78,表明谷子幼苗受到其他胁迫的影响,并对 PSⅡ 产生了光抑制损伤,这与 Yuan 等(2017)的研究结果一致。qP 则表示光合速率快慢,与光合碳同化等光合化学反应密切相关(Lichtenthaler et al.,1997),ETR 反映实际光强下的表观电子传递速率,用于度量光化学反应导致碳固定的电子传递效率,NPQ 反映的是 PSⅡ 天线色素吸收的光能不能用于光合电子传递而以热的形式耗散的光能部分,是保护 PSⅡ 的重要机制。随着干旱胁迫时间的延长,qP 和 ETR 降低,NPQ 升高,说明 PSⅡ 利用光能的能力降低,导致碳固定的电子传递速率降低,过剩的光能主要以热的形式耗散掉,有利于其在干旱胁迫中稳定 PSⅡ 反应中心(Zhao et al.,2005)。腐植酸正常水分条件下可以提高谷子利用光能的能力,且通过提高 F_v/F_m、F_v/F_o、$Y(Ⅱ)$、qP 和 ETR,降低 NPQ 来缓解干旱对谷子的伤害,适宜浓度的腐植酸作用更明显。

研究表明,PSⅠ 光抑制的典型特征是 PSⅠ 的最大氧化还原能力的降低(Yuan et al.,2017;Scheller et al.,2005)。P_m 代表有效的 PSⅠ 复合体总量,$Y(NA)$ 是 PSⅠ 反应中心光损伤的重要指标,暗适应后,Calvin-Benson 循环的关键酶失活会引起 $Y(NA)$ 的升高;光照下,由于 Calvin-Benson 循环受到损伤引起的 PSⅠ 受体侧电子累积也会引起 $Y(NA)$ 升高(Walz,2009)。随着干旱胁迫时间的延长,晋谷 21 号和张杂 10 号的 P_m 分别比对照降低了 4.03%、68.29% 和 59.65%、

76.34%(表 3.4),说明干旱胁迫对 PSⅠ造成一定损伤,且张杂 10 号更为敏感。干旱后期(10 d),Y(NA)分别比对照增加了 96.19%和 2.06 倍,表明 Calvin-Benson 循环的关键酶失活引起了 PSⅠ受体侧电子累积。Y(Ⅰ)表示 PSⅠ反应中心的光化学速率,ETR(Ⅰ)反映 PSⅠ反应中心电子传递速率,干旱胁迫后期(10 d),两品种的 Y(Ⅰ)和 ETR(Ⅰ) 显著降低表明 PSⅠ的实际光化学速率和电子传递速率受到限制。本研究表明,不同水分条件下,腐植酸均能提高谷子幼苗 P_m、Y(Ⅰ)和 ETR(Ⅰ),降低了 Y(NA),有效提高了 PSⅠ反应中心光化学速率,缓解了干旱胁迫对作物的伤害。

主成分分析是将多个指标进行组合,转化为少数几个综合指标的统计分析方法,从而达到简化的目的(马立平,2000)。利用主成分分析法分析腐植酸提高谷子幼苗的抗旱能力,能够将相关的多个指标(变量)转化为彼此相互独立的指标,通常这些选出来的指标会比原始指标个数少,但这些新的指标即所谓的主成分包含的信息却并未减少,从而能够有效降低变量维数,提高鉴定工作效率,具有一定的理论与实际意义。

3.4　结论

综上所述,干旱胁迫通过降低叶片气孔导度和叶绿素含量 (SPAD),破坏 PSⅡ和 PSⅠ系统,降低光合速率,从而对谷子造成明显的损伤。100～200 mg/L 的腐植酸浸种可缓解干旱胁迫对谷子的伤害。腐植酸缓解干旱的机理在于增加了叶绿素含量和叶片气孔导度，保持电子传递顺利进行，提高 PSⅡ和 PSⅠ的实际光化学速率，从而有效地提高了谷子的光合效率。

第4章 腐植酸对干旱胁迫下谷子幼苗生长和生理特性的影响

腐植酸(Humic acid, HA)是一类成分复杂的天然有机物质,按照在溶剂中的溶解性和颜色分类,可分为黄腐酸、棕腐酸、黑腐酸。腐植酸能通过根、茎、叶进入植物体,促进植物生长发育(Canellas et al.,2011),改善植物形态生理特征,在缓解多种逆境对作物的胁迫中发挥了重要作用(Hanafy et al.,2013;马建军 等,2005;郭伟 等,2011)。研究表明,腐植酸可能通过控制植物体内的活性氧类物质的含量来协助植物抵御逆境胁迫(Berbaraet al.,2014)。适宜浓度的黄腐酸钾可提高玉米细胞保护酶含量,降低丙二醛含量和膜脂过氧化程度,增加膜的稳定性,提高植物抗旱性(张小冰 等,2011)。谷端银等(2018)在黄瓜上的研究表明,腐植酸可促进氮胁迫下黄瓜幼苗的生长,增加干物质积累,提高根系和叶片中游离脯氨酸、可溶性蛋白的含量。有研究显示,水分胁迫下对燕麦施用腐植酸可改善其叶片渗透调节系统和质膜系统,同时燕麦株高、鲜重、干物质累积量均有所增加(刘伟,2014)。腐植酸对促进作物生长、提高产量、提高抗逆性等方面有重要作用(刘伟 等,2014;回振龙 等,2013;Heil,2005)。

目前,未见到腐植酸在缓解谷子干旱胁迫方面的相关报道,为探讨

干旱胁迫下腐植酸对谷子幼苗生长和生理特性的影响,本研究以晋谷
21 号和张杂 10 号为试验材料,用不同浓度(0 mg/L、50 mg/L、
100 mg/L、200 mg/L、300 mg/L)的腐植酸浸种,待幼苗长至 3～5 叶
期时干旱处理,分别在干旱后 5 d 和 10 d 研究腐植酸对谷子叶绿素含
量、水分状况、幼苗生长、渗透调节、质膜系统和抗氧化系统的影响,以
期探寻腐植酸在谷子上应用的最适浓度,系统分析腐植酸对干旱胁迫
下谷子生理特性的影响,对谷田腐植酸的有效利用和干旱胁迫的缓解
具有重要意义,为腐植酸在干旱胁迫下的应用提供理论支撑。

4.1　材料与方法

4.1.1　材料与试剂

供试谷子品种为普通优质谷子晋谷 21 号(山西省农业科学院经济
作物研究所)和杂交高产谷子张杂 10 号(河北省张家口市农业科学
院)。

腐植酸(Humic acid,HA)分子式为 $C_9H_9NO_6$,分子量:227.17,由
山东西亚化学工业有限公司生产;泥炭土有机基质由丹麦品氏托普(集
团)公司生产。

4.1.2　试验设计

试验于 2016—2017 年 6—8 月在山西农业大学化学除草与化学调

控实验室及露天天台进行。试验设有 CK(蒸馏水浸种,不进行水分胁迫),腐植酸(HA)处理浓度为 0 mg/L、50 mg/L、100 mg/L、200 mg/L、300 mg/L,分别用 T_0、T_1、T_2、T_3、T_4 表示。将谷子种子用不同浓度 HA 浸种 12 h,浸种结束后,将种子置于滤纸上自然风干。

采用完全随机设计,将浸种后的晋谷 21 号和张杂 10 号的种子均匀播种于 13 cm×15 cm 装有基质的营养钵中,每个处理重复 3 次,置于露天天台上自然生长,并用遮阳网做 50％遮阴保护。种子萌发后,定植为每盆 6 株,每天正常浇水以确保幼苗正常生长,待幼苗长至 3～5 叶期时停止浇水(CK 正常浇水),进行水分胁迫处理(自然干旱),胁迫后分别于 5 d 和 10 d 测定各指标。利用土壤水分测定仪 TDR300 (Spectrum,USA)测定基质含水量,干旱 5 d 和 10 d 的含水量分别为 36.80％、19.30％。

4.1.3　测定项目及方法

4.1.3.1　幼苗生长指标测定

株高采用卷尺测定;茎粗采用游标卡尺测定;叶面积通过测量谷子幼苗倒二叶的最大长和最大宽求得,计算公式为:叶面积＝长×宽×0.75。从子叶节处取植株地上部分,测定鲜重,用烘箱 105 ℃杀青 30 min,80 ℃烘干至恒重,测定干重。干旱 10 d 测定谷子幼苗生长指标。

4.1.3.2　幼苗生理指标测定

叶绿素含量的测定:取谷子幼苗倒二叶靠近叶中部的部位 0.1 g,

用 96％酒精提取、分光光度计比色法测定。

叶片相对含水量(RWC)的测定:取谷子幼苗倒二叶,称取鲜重 0.1 g,浸入蒸馏水中 12 h 后称饱和重,然后烘干称干重,计算相对含水量 RWC％＝(叶片鲜重－干重)/(水饱和重－干重)×100％。

利用 Psypro 植物水势测量仪(WESCOR,USA)测定叶片水势。

游离脯氨酸采用酸性茚三酮法测定(张志良,2009)。样品提取:迅速取谷子幼苗倒二叶 0.2 g 于预冷的研钵中,加入少许石英砂和 2.5 mL 3％磺基水杨酸冰上研磨成匀浆,倒入具塞试管中,用 3％磺基水杨酸反复冲洗研钵,再倒入具塞试管并定容至 5 mL。沸水浴 10 min,冷却后转入 10 mL 离心管,4000 r/min 离心 10 min,上清液为待测溶液。测定:取 2 mL 上清液于具塞试管中,加入冰醋酸 2 mL,酸性茚三酮 2 mL,充分摇匀后,沸水浴 30 min,待冷却至室温后,加入 5 mL 甲苯于暗处萃取,以 1 mL 蒸馏水＋1 mL 冰乙酸＋1.5 mL 酸性茚三酮为参比,测 520 nm 处的吸光值。

超氧阴离子(O_2^-)组织化学染色(Xu,2012):取谷子幼苗倒二叶功能叶,用超纯水洗净后放入 50 mL 离心管中,加入 0.5 mg/mL NBT 染液(以 10 mmol/L 磷酸钾,pH＝7.8 为缓冲液),真空抽气至叶片完全浸没后置于黑暗处放置 1 h,然后将叶片取出超纯水清洗以去除叶片吸附的染液,再置于盛有 50 mL 96％乙醇的离心管中,放置 24 h 至叶片完全脱色,拍照。

过氧化氢(H_2O_2)组织染色法(Xu,2012):取谷子幼苗倒二叶功能叶,用超纯水洗净后放入 50 mL 离心管中,加入 1 mg/mL DAB 染液

(以 50 mmol/L Tris-HCl, pH＝3.8 为缓冲液),真空抽气至叶片完全浸没后置于黑暗处放置 24 h,然后将叶片取出超纯水清洗以去除叶片吸附的染液,再置于盛有 50 mL 96％乙醇的离心管中,放置 24 h 至叶片完全脱色,拍照。

超氧阴离子($O_2^{\cdot -}$)产生速率用羟胺法测定(Elstner et al.,1976)。样品提取:取谷子幼苗倒二叶 0.1 g 于研钵中,加入少许石英砂和 2 mL 65 mmol/L 磷酸缓冲液(pH 7.8),充分研磨后转入离心管,10000 r/min 下离心 15 min,上清液为待测溶液。测定:取上清液 1 mL 于试管中,加入 1 mL 65 mmol/L 磷酸缓冲液(pH 7.8)、0.2 mL 10 mmol/L 氯化羟胺,25 ℃孵育 20 min,取 1 mL 上述反应混合物,加入 1 mL 17 mmol/L 4-氨基苯磺酸和 7 mmol/L α-萘胺,混匀,30 ℃孵化 30 min,以 65 mmol/L 磷酸缓冲液为参比,测 530 nm 处的吸光值。

H_2O_2 含量参照张永平等(Zhang et al.,2012)的方法测定,取谷子幼苗倒二叶 0.1 g 于研钵中,加入 5 mL 丙酮充分研磨后转移至离心管,10000 r/min 离心 15 min,取 1 mL 上清液加入 0.1 mL 20％ $TiCl_4$ 浓盐酸和 0.2 mL 浓氨水中,10000 r/min 离心 10 min 后上层水相为样品提取液,以丙酮为参比,测 410 nm 处吸光值。

取谷子幼苗倒二叶 0.1 g 于预冷的研钵中,加入少许石英砂和 2 mL 50 mmol/L 磷酸缓冲液(pH 7.8),内含 0.1 mmol/L 乙二胺四乙酸(EDTA)和 1％聚乙烯吡咯烷酮(PVP)(w/v),冰浴研磨后转入离心管,12000 r/min、4 ℃离心 15 min,上清液用于测定超氧化物歧化酶(SOD)、过氧化物酶(POD)、过氧化氢酶(CAT)和可溶性蛋白含量。

超氧化物歧化酶(SOD)活性采用氮蓝四唑法测定,过氧化物酶(POD)活性采用愈创木酚比色法测定,过氧化氢酶(CAT)活性采用紫外分光光度计法测定,可溶性蛋白采用考马斯亮蓝 G-250 比色法测定(Li et al.,2016)。

抗坏血酸过氧化物酶(APX)的测定参照 Nakano 等(1981)的方法;谷胱甘肽还原酶(GR)的测定参照金梦阳等(2008)的方法;还原型抗坏血酸(AsA)、氧化型抗坏血酸(DHA)的测定参照 Jiang 等(2001)的方法;还原型谷胱甘肽(GSH)和氧化型谷胱甘肽(GSSG)的测定参照 Nagalakshmi 等(2001)的方法。

丙二醛(MDA)含量采用硫代巴比妥酸显色法(邹琦,2000)测定。迅速取谷子幼苗倒二叶 0.2 g 于预冷的研钵中,加入少许石英砂和 2.5 mL 0.1%三氯乙酸(TCA)冰上研磨成匀浆,转移至试管中,用 0.1% TCA 反复冲洗研钵,再转入试管中定容至 5 mL,加入 5 mL 0.5%硫代巴比妥酸充分摇匀,沸水浴 15 min 后立即取出于冰浴中冷却至室温,后转入 10 mL 离心管中 3000 r/min 离心 15 min,取上清液并测量其体积,以 0.5%硫代巴比妥酸为参比,测 532 nm 和 600 nm 处的吸光值。

相对电解质渗透率(电解质渗透率)测定用 DDS-11A 型电导仪测定幼苗外渗液电解质渗透率(张志良,2009)。取谷子幼苗倒二叶洗净,用蒸馏水反复冲洗 3 次,用纱布擦拭干后称取 0.1 g 叶片,剪成 0.5 cm 小段,置于加入 10 mL 去离子水的刻度试管中,加盖,室温下浸泡 12 h 后,用电导仪测定浸提液电导 R_1,沸水浴 30 min,冷却至室温后摇匀,再次测定浸提液电导 R_2,相对电解质渗透率＝$R_1/R_2 \times 100\%$。

4.1.4　数据处理

利用 Microsoft Excel 2010 软件进行数据处理,采用 DPS 6.5 软件进行数据统计分析,采用 Duncan 新复极差法进行差异显著性检验(α＝0.05),用 Sigma Plot 软件作图,图表中数据均以平均值±标准误表示。

4.2　结果与分析

4.2.1　腐植酸对干旱胁迫下谷子幼苗生长指标的影响

由表 4.1 可知,从晋谷 21 号和张杂 10 号两个品种的株高、茎粗、叶面积、鲜重、干重来看,与对照 CK 相比,干旱胁迫(T_0)显著抑制了谷子幼苗的生长。干旱胁迫下,随着腐植酸浓度的增加,两品种幼苗生长指标呈现先升高后降低的趋势,腐植酸浓度为 T_2(100 mg/L)时,两品种的生长指标均达到最大值,与清水浸种的处理(T_0)相比,晋谷 21 号的茎粗、叶面积、鲜重、干重差异显著,分别增加了 22.37％、28.68％、23.05％、33.33％,张杂 10 号株高、茎粗、叶面积、鲜重、干重均差异显著,分别增加了 3.62％、8.06％、12.31％、8.87％、48.12％($P＜0.05$)。研究表明,适宜浓度的腐植酸有效地缓解了干旱胁迫对谷子幼苗的伤害。从两品种各生长指标的增加幅度来看,腐植酸对谷子幼苗干物质的积累具有明显的促进作用。

表 4.1　腐植酸对干旱胁迫下谷子幼苗生长指标的影响

品种	处理	株高/cm	茎粗/mm	叶面积/cm²	鲜重/(g/株)	干重/(g/株)
晋谷21号	CK	39.17±0.15a	2.630±0.049a	15.31±0.28a	2.901±0.016a	0.299±0.004a
	T_0	36.80±0.44b	1.980±0.031c	10.81±0.28d	1.896±0.029d	0.207±0.003e
	T_1	37.30±0.31bc	2.330±0.017b	12.79±0.32c	2.269±0.034b	0.269±0.004bc
	T_2	37.97±0.28b	2.423±0.075b	13.91±0.20b	2.333±0.045b	0.276±0.007b
	T_3	37.03±0.23bc	2.310±0.040b	13.22±0.56bc	1.913±0.020d	0.231±0.006d
	T_4	36.67±0.43c	2.027±0.096c	11.15±0.25d	2.091±0.052c	0.255±0.005c
张杂10号	CK	36.23±0.34a	2.897±0.043a	20.75±0.17a	3.204±0.031a	0.540±0.008a
	T_0	34.00±0.21cd	2.557±0.041c	17.14±0.43c	2.380±0.047de	0.345±0.008e
	T_1	35.00±0.29bc	2.720±0.032b	18.67±0.36b	2.538±0.063bc	0.434±0.007d
	T_2	35.23±0.50ab	2.763±0.029b	19.25±0.55b	2.591±0.037b	0.511±0.008b
	T_3	33.63±0.30d	2.717±0.043b	18.84±0.07b	2.279±0.039e	0.505±0.003b
	T_4	34.70±0.40bcd	2.543±0.034c	17.29±0.26c	2.423±0.020cd	0.460±0.007c

注：CK、T_1、T_2、T_3、T_4、T_5 分别代表不同腐植酸浓度（0 mg/L、50 mg/L、100 mg/L、200 mg/L、300 mg/L 和 400 mg/L）。同一列不同小写字母表示在 0.05 水平差异显著，后表同

4.2.2　腐植酸对干旱胁迫下谷子幼苗叶绿素含量和水分状况的影响

表 4.2 显示,与 CK 相比,干旱胁迫后晋谷 21 号和张杂 10 号谷子叶片的叶绿素含量、相对水含量(RWC)和水势显著降低。干旱胁迫 5 d 和 10 d,两品种谷子叶片的叶绿素含量随腐植酸浓度的增加整体呈先升高后降低的趋势,其中干旱 10 d 处理、HA 浓度为 T_2 时差异显著,分别比 T_0 增加 10.32%、7.53%($P<0.05$)。干旱胁迫后,腐植酸显著提高了谷子的 RWC 和水势,且在 HA 浓度 $T_2 \sim T_3$ 时差异显著,两品种的 RWC 在 HA 浓度为 T_2 时达到最大值、水势在 HA 浓度为 T_3 时最大。晋谷 21 号在干旱 5 d 和 10 d 时,谷子叶片水势分别比 T_0 显著增加 54.75%、32.55%,张杂 10 号分别增加 48.69%、41.41%($P<0.05$)。表明适宜浓度的腐植酸可提高干旱胁迫下谷子叶片叶绿素含量、改善叶片水分状况,提高谷子的抗旱能力。

表 4.2　腐植酸对干旱胁迫下谷子幼苗叶绿素含量和水分状况的影响

品种	时间/ d	处理	叶绿素含量/ (mg/g FW*)	相对水含量/ %	水势/ MPa
晋谷 21 号	5	CK	1.070±0.012a	96.30±0.770a	−0.520±0.006a
		T_0	0.854±0.027b	76.02±0.490d	−2.040±0.049f
		T_1	0.895±0.038b	79.60±1.420c	−1.920±0.064e
		T_2	0.935±0.036b	85.50±1.140b	−1.493±0.009c
		T_3	0.922±0.023b	84.48±0.960b	−0.923±0.030b
		T_4	0.915±0.010b	80.02±1.150c	−1.620±0.027d

续表

品种	时间/d	处理	叶绿素含量/(mg/g FW*)	相对水含量/%	水势/MPa
晋谷21号	10	CK	1.185±0.038a	96.92±0.540a	−0.507±0.032a
		T_0	0.601±0.019c	65.60±0.860d	−2.353±0.044d
		T_1	0.615±0.006bc	74.48±1.100b	−2.383±0.009d
		T_2	0.663±0.004b	75.04±0.780b	−2.170±0.023c
		T_3	0.660±0.005b	73.49±1.360bc	−1.587±0.020b
		T_4	0.616±0.006bc	71.23±0.510c	−2.310±0.047d
张杂10号	5	CK	1.133±0.018a	97.71±0.880a	−0.570±0.015a
		T_0	1.028±0.035b	80.99±1.070d	−2.177±0.039e
		T_1	1.038±0.013b	86.00±1.010c	−1.547±0.061c
		T_2	1.103±0.033ab	89.33±1.400b	−1.757±0.056d
		T_3	1.085±0.030ab	84.70±0.860c	−1.117±0.038b
		T_4	1.050±0.032ab	77.88±0.730d	−1.597±0.043c
	10	CK	1.235±0.028a	96.75±1.250a	−0.700±0.023a
		T_0	0.677±0.008c	68.67±0.670e	−2.760±0.049e
		T_1	0.701±0.010bc	71.52±1.080de	−2.223±0.026d
		T_2	0.728±0.007b	82.24±1.270b	−1.937±0.070c
		T_3	0.714±0.005bc	78.25±0.830c	−1.617±0.015b
		T_4	0.686±0.003c	74.59±1.410d	−2.257±0.052d

* FW 指样品鲜重,为 Fresh Weight 缩写,后表同。

4.2.3 腐植酸对干旱胁迫下谷子幼苗渗透调节物质的影响

由图 4.1 可知,干旱胁迫下,晋谷 21 号和张杂 10 号的可溶性蛋白和游离脯氨酸含量显著提高,且随着胁迫天数的增加,游离脯氨酸含量增加更为明显,干旱 5 d 两品种游离脯氨酸含量分别较 CK 增加51.55%、29.08%,干旱 10 d 显著增加 99.70% 和 1.11 倍($P<0.05$)。干旱胁迫 5 d 和 10 d,随着 HA 浓度的增加,两品种可溶性蛋白和游离脯氨酸含量均呈先升高后降低的趋势,且 HA 浓度为 $T_1 \sim T_3$ 时差异显著。干旱 5 d,HA 浓度为 $T_1 \sim T_2$ 时,晋谷 21 号谷子幼苗可溶性蛋白和游离脯氨酸含量较 T_0 显著增加 32.45%、29.13%,张杂 10 号显著增加 15.31%、46.40%;干旱 10 d,两品种谷子幼苗可溶性蛋白含量在处理 T_3 时最高,较 T_0 显著增加 47.70%、46.92%,而游离脯氨酸含量在 T_2 时最高,较 T_0 显著增加 16.67%、31.77%($P<0.05$)。表明适宜浓度的 HA 可诱导谷子幼苗在干旱胁迫下积累渗透调节物质,以抵御干旱胁迫对幼苗造成的伤害,干旱初期 $T_1 \sim T_2$ 处理诱导作用明显,而干旱后期 $T_2 \sim T_3$ 处理诱导作用更明显。T_4 处理两品种谷子幼苗的可溶性蛋白和游离脯氨酸均低于 T_2 处理,表明高浓度 HA 的诱导作用降低。

4.2.4 腐植酸对干旱胁迫下谷子幼苗活性氧的影响

由图 4.2 可知,随着胁迫天数的增加,晋谷 21 号和张杂 10 号的

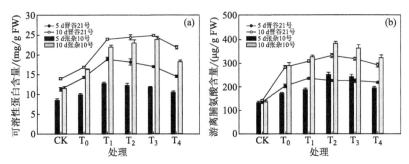

图 4.1 腐植酸对干旱胁迫下谷子幼苗可溶性蛋白(a)和
游离脯氨酸(b)的影响

O_2^- 产生速率和 H_2O_2 含量显著提高,两品种的 O_2^- 产生速率在干旱 5 d 时较 CK 显著增加 71.49% 和 69.10%,在干旱 10 d 时较 CK 均显著提高了 1.11 倍(P＜0.05),表明随着胁迫时间的延长活性氧积累越多。

　　HA 处理显著降低了干旱胁迫下谷子幼苗的 O_2^- 产生速率和 H_2O_2 含量,且随着 HA 浓度的增加呈先降低后升高的趋势,其中 T_2 处理(100 mg/L)效果最佳,干旱 5 d 时晋谷 21 号和张杂 10 号的 O_2^- 产生速率显著降低了 29.52%、27.71%,H_2O_2 含量降低了 10.44%、24.41%;干旱 10 d 时两品种 O_2^- 产生速率显著降低了 37.36%、37.17%,H_2O_2 含量降低了 18.70%、16.75%(P＜0.05)。干旱 10 d 处理下,O_2^- 的组织化学染色显示(图 4.2c、d),CK 处理下晋谷 21 号和张杂 10 号叶片染色不明显,干旱处理下谷子叶片染色成大面积蓝色,而 T_2 处理的蓝色斑点在叶片上局部出现;H_2O_2 的组织化学染色显示

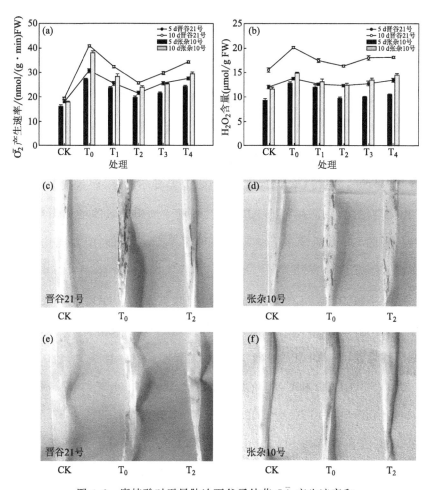

图 4.2　腐植酸对干旱胁迫下谷子幼苗 O_2^- 产生速率和

H_2O_2 含量的影响

（图 4.2e、f），T_0 干旱处理下两品种谷子叶片棕色部分明显多于 T_2 处理，CK 处理下染色不明显。结果表明，腐植酸有效抑制了干旱胁迫下活性氧在谷子叶片中的积累。

4.2.5 腐植酸对干旱胁迫下谷子幼苗抗氧化酶活性的影响

与 CK 相比,干旱 T_0 处理后晋谷 21 号和张杂 10 号的 SOD、POD 酶活性显著增加,而 CAT 酶活性显著降低,但随着胁迫天数的增加,SOD 和 CAT 酶活性降低,而 POD 酶活性增加;干旱处理后晋谷 21 号的 APX 较 CK 处理有所增加,但差异不显著,而张杂 10 号较 CK 显著增加,且两品种的 APX 酶活性随着胁迫天数的增加而增加;两品种的 GR 酶活性在干旱 5 d 降低,干旱 10 d 增加,但差异均不显著(图 4.3)。

干旱胁迫下,随着 HA 浓度的增加,两品种 SOD、POD、CAT、APX、GR 酶活性呈先升高后降低的趋势,且 HA 浓度为 T_2 时,抗氧化酶活性最强,而 GR 酶活性较 T_0 处理差异不显著。晋谷 21 号在干旱 5 d 时,SOD、POD 和 CAT 酶活性分别比 T_0 增加 26.90%、31.74%和 13.49%,干旱 10 d 时,分别比 T_0 增加 23.90%、39.62%和 37.51%;张杂 10 号在干旱 5 d 时,SOD、POD 和 CAT 酶活性分别比 T_0 增加 14.95%、16.44%、26.45%($P<0.05$),干旱 10 d 差异不显著。干旱 5 d,两品种 APX 酶活性在处理 T_1～T_3 较 T_0 显著增加,处理 T_2 效果最佳,分别增加了 19.63%、16.19%,干旱 10 d,张杂 10 号在 T_2 处理下较 T_0 显著增加 12.61%($P<0.05$),而晋谷 21 号差异不显著。表明适宜浓度的 HA 处理可提高谷子幼苗抗氧化酶活性,各抗氧化酶活性相互作用,有效缓解了干旱胁迫对谷子的伤害。

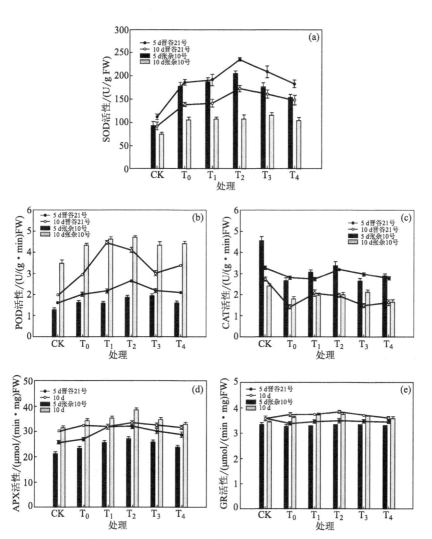

图 4.3　腐植酸对干旱胁迫下谷子幼苗 SOD(a)、POD(b)、CAT(c)、

APX(d)、GR(e)活性的影响

4.2.6　腐植酸对干旱胁迫下谷子幼苗抗坏血酸循环的影响

由表 4.3 可知,干旱胁迫下,晋谷 21 号和张杂 10 号的还原型抗坏血酸 AsA 含量、总抗坏血酸含量 AsA＋DHA 较 CK 显著增加,随着 HA 浓度的升高,两品种 AsA、AsA＋DHA 含量呈先升高后降低的趋势。与 CK 相比,晋谷 21 号的 AsA 含量分别在干旱 5 d、10 d 增加了 55.92％、1.12 倍,张杂 10 号的分别增加了 57.96％、1.03 倍;与 T_0 相比,两品种的 AsA 含量在 HA 处理 $T_2 \sim T_3$ 差异显著,晋谷 21 号在 T_3 处理下显著增加了 3.07％、14.84％,而张杂 10 号在 T_2 处理下显著增加 10.16％、33.00％。晋谷 21 号的 AsA＋DHA 含量在干旱 5 d、10 d 分别较 CK 增加了 10.88％、24.74％,张杂 10 号的分别增加了 17.66％、44.65％;HA 处理 $T_2 \sim T_3$ 下,两品种的 AsA＋DHA 含量较 T_0 差异显著,且均在 T_2 处理下 AsA＋DHA 含量最高,晋谷 21 号分别在干旱 5 d、10 d 显著增加 3.94％、16.31％,张杂 10 号显著增加了 7.54％、17.27％。干旱 10 d,两品种的 DHA 分别在 T_2、T_3 处理较 T_0 显著增加了 31.65％、26.65％($P ＜ 0.05$)。从增加幅度可知,AsA 含量、AsA＋DHA 含量随着胁迫天数的增加而增加,而腐植酸显著提高了谷子叶片 AsA、AsA＋DHA、DHA 含量,且在干旱后期的作用更显著,最佳处理为 $T_2 \sim T_3$。

4.2.7 腐植酸对干旱胁迫下谷子幼苗谷胱甘肽循环的影响

表 4.4 显示,干旱胁迫下,两品种的还原型谷胱甘肽 GSH、总谷胱甘肽含量 GSH+GSSG 显著增加,且随胁迫天数的增加,GSH、GSH+GSSG 含量增加更显著;氧化性谷胱甘肽 GSSG 在干旱后期 10 d 处理下较 CK 差异显著,干旱初期差异不显著。随着 HA 浓度的增加,GSH、GSH+GSSG 含量呈先升高后降低的趋势,且在干旱 10 d 时 HA 作用差异显著,而干旱初期 5 d 差异不显著。干旱 10 d,晋谷 21 号的 GSH、GSH+GSSG 含量在 T_2 处理较 T_0 显著增加了 1.35%、1.14%;张杂 10 号的 GSH、GSH+GSSG 含量在处理 $T_2 \sim T_3$ 下差异显著,分别在 T_3、T_2 处理下显著增加了 1.38%、1.04%($P < 0.05$)。腐植酸处理对 GSSG、GSH/GSSG 含量较 T_0 差异不显著。

4.2.8 腐植酸对干旱胁迫下谷子幼苗 MDA 含量和相对电解质渗透率的影响

由图 4.4 可知,与 CK 相比,干旱 5 d 和 10 d 处理显著提高了晋谷 21 号和张杂 10 号的 MDA 含量和相对电解质渗透率,干旱 10 d 时,两品种谷子幼苗的相对电解质渗透率较 CK 显著增加 2.15 倍、2.87 倍($P < 0.05$)。HA 处理显著降低了干旱胁迫下谷子幼苗的 MDA 含量和相对电解质渗透率,随着 HA 浓度的增加呈现先降低后升高的趋势,其中,$T_2 \sim T_3$ 处理最佳,干旱 5 d 和 10 d 晋谷 21 号的 MDA 含量

表 4.3　腐植酸对干旱胁迫下谷子幼苗抗坏血酸循环的影响

品种	时间/d	处理	还原型抗坏血酸(AsA)含量/(nmol/μg FW)	氧化型抗坏血酸(DHA)含量/(nmol/μg FW)	总抗坏血酸(Total AsA)含量/(nmol/μg FW)	还原型/氧化型(AsA/DHA)抗坏血酸值
晋谷21号	5	CK	0.7384±0.0097c	1.1538±0.0351c	1.8922±0.0351c	0.6410±0.0194b
		T_0	1.1513±0.0117b	0.9466±0.0167b	2.0980±0.0081b	1.2174±0.0327a
		T_1	1.1744±0.0087ab	0.9464±0.0262b	2.1209±0.0277ab	1.2428±0.0347a
		T_2	1.1827±0.0048a	0.9979±0.0143b	2.1807±0.0142a	1.1857±0.0183a
		T_3	1.1867±0.0081a	0.9912±0.0337b	2.1780±0.0274a	1.2003±0.0463a
		T_4	1.1628±0.0066ab	0.9611±0.0238b	2.1239±0.0189ab	1.2116±0.0350a
	10	CK	0.8961±0.0232d	1.7470±0.0179a	2.6431±0.0069d	0.5133±0.0183d
		T_0	1.8989±0.0176c	1.3982±0.0404c	3.2971±0.0256c	1.3610±0.0508b
		T_1	1.9366±0.0192bc	1.5511±0.0308b	3.4877±0.0119b	1.2500±0.0371b
		T_2	1.9942±0.0296b	1.8407±0.0501a	3.8349±0.0205a	1.0858±0.0455c
		T_3	2.1807±0.0216a	1.2403±0.0403d	3.4210±0.0374b	1.7624±0.0683a
		T_4	1.9133±0.0317c	1.4234±0.0259c	3.3366±0.0235c	1.3457±0.0437b

续表

品种	时间/d	处理	还原型抗坏血酸(AsA)含量/(nmol/μg FW)	氧化型抗坏血酸(DHA)含量/(nmol/μg FW)	总抗坏血酸(Total AsA)含量/(nmol/μg FW)	还原型/氧化型(AsA/DHA)抗坏血酸值
张杂 10 号	5	CK	0.6807±0.0152d	1.4423±0.0432ab	2.1230±0.0390c	0.4731±0.0208d
		T_0	1.0752±0.0083b	1.4228±0.0274b	2.4980±0.0260b	0.7563±0.0174b
		T_1	1.1711±0.0057a	1.3253±0.0222c	2.4964±0.0253b	0.8841±0.0135a
		T_2	1.1844±0.0076a	1.5020±0.0081ab	2.6864±0.0052a	0.7887±0.0087b
		T_3	1.1795±0.0036a	1.4736±0.0197ab	2.6531±0.0166a	0.8007±0.0127b
		T_4	0.9986±0.0145c	1.5336±0.0378a	2.5323±0.0241b	0.6524±0.0248c
	10	CK	0.8615±0.0058d	1.3134±0.0326cd	2.1749±0.0324d	0.6568±0.0173f
		T_0	1.7480±0.0055c	1.3980±0.0257b	3.1460±0.0216c	1.2513±0.0259d
		T_1	1.7769±0.0097c	1.3259±0.0238bcd	3.1028±0.0141c	1.3412±0.0316c
		T_2	2.3249±0.0292a	1.3644±0.0201bc	3.6893±0.0107a	1.7053±0.0456a
		T_3	1.8383±0.0107b	1.7706±0.0136a	3.6089±0.0088b	1.0385±0.0131e
		T_4	1.8798±0.0087b	1.2697±0.0149d	3.1495±0.0076c	1.4810±0.0236b

表 4.4　腐植酸对干旱胁迫下谷子幼苗谷胱甘肽循环的影响

品种	时间/d	处理	还原型谷胱甘肽(GSH)含量/(nmol/mg FW)	氧化型谷胱甘肽(GSSG)含量/(nmol/mg FW)	总谷胱肽含量/(nmol/mg FW)	还原型/氧化型谷胱甘肽值 GSH/GSSG
晋谷21号	5	CK	5.2646±0.0141b	0.5858±0.0103a	5.8504±0.0073b	8.9926±0.1766b
		T_0	5.3629±0.0100a	0.5602±0.0156a	5.9231±0.0064a	9.5884±0.2780a
		T_1	5.3534±0.0092a	0.5737±0.0021a	5.9271±0.0073a	9.3325±0.0491ab
		T_2	5.3609±0.0087a	0.5709±0.0052a	5.9318±0.0138a	9.3913±0.0714ab
		T_3	5.3609±0.0091a	0.5726±0.0043a	5.9336±0.0092a	9.3629±0.0758ab
		T_4	5.3563±0.0093a	0.5801±0.0067a	5.9364±0.0089a	9.2361±0.1139ab
	10	CK	5.2814±0.0086c	0.6270±0.0060b	5.9084±0.0110c	8.4242±0.0802a
		T_0	5.4825±0.0153b	0.7391±0.0074a	6.2216±0.0093b	7.4191±0.0928b
		T_1	5.4853±0.0088b	0.7444±0.0032a	6.2297±0.0101b	7.3693±0.0314b
		T_2	5.5566±0.0120a	0.7361±0.0075a	6.2927±0.0110b	7.5510±0.0863b
		T_3	5.5100±0.0087b	0.7266±0.0116a	6.2366±0.0058b	7.5872±0.1336b
		T_4	5.4762±0.0081b	0.7483±0.0187a	6.2245±0.0106b	7.3274±0.1930b

续表

品种	时间/d	处理	还原型谷胱甘肽 (GSH)含量/ (nmol/mg FW)	氧化型谷胱甘肽 (GSSG)含量/ (nmol/mg FW)	总谷胱甘肽 含量/ (nmol/mg FW)	还原型/氧化型谷胱甘肽值 GSH/GSSG
张杂 10 号	5	CK	5.2747±0.0143b	0.5983±0.0104a	5.8730±0.0245b	8.8209±0.1330a
		T_0	5.4237±0.0216a	0.5861±0.0131a	6.0098±0.0106a	9.2644±0.2479a
		T_1	5.4094±0.0097a	0.6176±0.0180a	6.0270±0.0098a	8.7740±0.2634a
		T_2	5.4258±0.0069a	0.5984±0.0040a	6.0242±0.0097a	9.0681±0.0554a
		T_3	5.4208±0.0098a	0.5854±0.0083a	6.0062±0.0058a	9.2640±0.1480a
		T_4	5.4124±0.0093a	0.5843±0.0128a	5.9967±0.0062a	9.2733±0.2222a
	10	CK	5.2847±0.0118c	0.6028±0.0051c	5.8875±0.0079d	8.7686±0.0924a
		T_0	5.4956±0.0156b	0.7460±0.0156a	6.2416±0.0072c	7.3743±0.1735c
		T_1	5.5137±0.0075b	0.7356±0.0147a	6.2493±0.0099c	7.5017±0.1575c
		T_2	5.5683±0.0101a	0.7381±0.0023a	6.3064±0.0087a	7.5445±0.0343c
		T_3	5.5716±0.0081a	0.7053±0.0054b	6.2769±0.0102b	7.9010±0.0611b
		T_4	5.4970±0.0078b	0.7585±0.0040a	6.2554±0.0060bc	7.2480±0.0450c

显著降低了 21.68％、13.40％,相对电解质渗透率降低了 22.76％、28.09％($P<0.05$)。表明适宜浓度的 HA 降低了谷子幼苗 MDA 含量和相对电解质渗透率,有效缓解了干旱对谷子幼苗质膜系统的伤害。

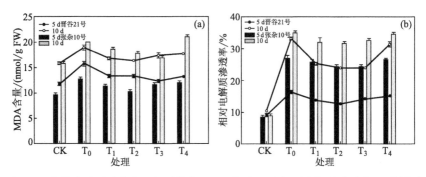

图 4.4　腐植酸对干旱胁迫下谷子幼苗 MDA 含量(a)和相对电解质渗透率(b)的影响

4.3　讨论

干旱对作物最直接的影响是造成植株水分供应不足从而影响作物正常生长发育并导致减产。目前,可通过水资源开发、节水灌溉、培育抗旱品种、使用外源物质等途径来缓解干旱对作物生长的影响(贺丽萍,2015)。在光合作用中吸收、传递、转换光能的色素称为叶绿素,是植物进行光合作用的结构和功能物质。叶片 RWC 和水势是反映叶片水分状况的指标,其大小在一定程度上能反映从周围环境吸水的能力,可用来判断植物的受旱程度和抗旱能力(Grzesiak et al.,2006)。干旱使植物叶片中的叶绿素含量、相对水含量和水势降低,添加外源物质提高了叶片的叶绿素含量,保持植物叶片的水分(李泽 等,2017;曹逼力,2015)。本研究表明,腐植酸提高了干旱胁迫下谷子叶片的叶绿素含量、相对水含量和水势,从而提高了谷子株高、茎粗、叶面积、鲜重和干重等形态指标,特别对谷子幼苗干重具有明显的促进作用。Elshabrawi 等(2015)在小麦上研究表明,逆境下腐植酸可提高株高、叶面积等形态指标,促进小麦生长,对干物质积累效果显著。

渗透调节是植物适应干旱胁迫的主要生理机制,植物为适应干旱胁迫积累大量可溶性蛋白和游离脯氨酸等渗透调节物质,通过渗透调节使植物维持一定的膨压,防止细胞过度失水,维持细胞生长、气孔开放和光合作用等生理过程(Subbarao et al. ,2000;Liu et al. ,2009)。杜金友等(2004)研究表明,干旱胁迫下,植株体内的渗透调节物质游离脯氨酸含量增加,同时可溶性蛋白含量降低。而本研究表明,干旱胁迫使谷子幼苗可溶性蛋白和游离脯氨酸增加,而 HA 处理可显著提高可溶性蛋白和游离脯氨酸含量,这与对水稻(Muscolo et al. ,2007)的研究结果类似,腐植酸可提高逆境下的渗透调节物质。表明干旱胁迫下谷子能积累渗透调节物质便于抵御胁迫造成的伤害,而 HA 可进一步诱导谷子渗透调节物质的产生,维持细胞渗透平衡,增强谷子抗旱能力。

干旱使植物体内积累大量的 $^1O_2$、O_2^-、H_2O_2、$\cdot OH$ 等活性氧物质造成膜脂过氧化,而植物体内存在的抗氧化代谢系统能有效清除活性氧,降低膜脂过氧化水平,从而减轻干旱胁迫对植物造成的伤害。抗氧化代谢系统中,超氧化物歧化酶(SOD)、过氧化物酶(POD)、过氧化氢酶(CAT)、抗坏血酸过氧化物酶(APX)和谷胱甘肽还原酶(GR)是植株体内主要的保护系统酶,其活性与植物对逆境的适应能力密切相关(Zhao et al. ,2005)。马乐元等(2017)研究表明,干旱处理促进小冠花活性氧积累,显著提高抗氧化酶活性。本研究表明,干旱胁迫促进了谷子幼苗 O_2^-、H_2O_2 等活性氧物质的积累,提高了 SOD 和 POD 活性,降低了 CAT 的活性,这是谷子保护酶系统的应激反应。HA 可以激活多种与胁迫反应相关的基因,并通过调节活性氧、抗氧化酶系统来提高作物的抗逆性。本研究中,100 mg/L 的 HA 显著降低了谷子幼苗的 O_2^- 产生速率和 H_2O_2 含量,表明腐植酸缓解和清除了干旱胁迫导致的活性氧积累,有效减缓了干旱胁迫对植物细胞膜的伤害。有研究发现,HA 可促进干旱胁迫下玉米(张小冰 等,2011)、甘蔗(Aguiar et al. ,2016)活性氧的早期积累,并有效激活保护酶 SOD、POD、CAT、APX、GR 的活性。在本研究中,干旱处理后腐植酸可显著提高 SOD、POD、APX 酶活性。

同时,AsA-GSH 循环也是清除植物体内活性氧的重要途径之一,AsA、GSH 是重要的抗氧化剂以抵御活性氧造成的氧化胁迫(Wang et al. ,2011),AsA 含量和其氧化还原状态的改变是植物应对胁迫的一种生理性调节(曹逼力,2015)。通过添加外源物质可提高抗氧化物质含量从而缓解膜脂过氧化。本研究表明,干旱胁迫可使谷子叶片中 AsA、GSH 含量增加,腐植酸显著提高了谷子叶片 AsA、GSH 含量,且在干旱后期的作用更显著。因此,适宜浓度的 HA 可显著提高干旱胁迫下谷子叶片的抗氧化酶活性和抗氧化物质的含量,从而有效清除干旱胁迫引起的活性氧积累,增强谷子的抗氧化能力从而提高其抗旱能力。

丙二醛(MDA)是细胞膜脂过氧化的产物,其含量能反映细胞膜受到的伤害程度,相对电解质渗透率是衡量细胞膜透性的指标,两者均为检测质膜系统损伤的重要指标,因此 MDA 和相对电解质渗透率一定程度上能反映作物的抗旱能力(Campo et al. ,2014)。研究发现,干旱胁迫导致的膜脂过氧化,会使植物体内积累 MDA,植物细胞膜的透性受到伤害,导致电解质外渗,相对电解质渗透率增加。腐植酸能缓解逆境胁迫对植物伤害,对植物的生长有保护作用,在植物生态安全中具有预防氧化和应激的重要作用(Aydin et al. ,2012;Peymaninia et al. ,2012)。本研究表明,干旱胁迫下,谷子幼苗 MDA 含量和相对电解质渗透率显著增加,且随胁迫时间的延长增加更明显,而 HA 处理显著降低了幼苗 MDA 含量和相对电解质渗透率,有效缓解了干旱对谷子幼苗质膜系统的伤害。这与油菜(Lotfi et al. ,2015)上的研究结果一致,HA 处理显著降低了水分胁迫条件下油菜叶片丙二醛的含量。

腐植酸是自然界中广泛存在的大分子有机物质,在农业领域的应用价值很高,可以减少肥料的施用,提高养分使用效率,替代部分生物合成的植物生长调节剂,尤其是现在提倡生态农业建设、绿色食品、无污染环保等,更使腐植酸备受推崇。基于山西省农业立地条件差,干旱少雨等干旱半干旱地区特有的环境,本研究采用山西省大面积推广的晋谷 21 号和张杂 10 号两个谷子品种,探寻了腐植酸在谷子上应用的最适浓度,系统分析了腐植酸对干旱胁迫下谷子生理特性的影响,但存在品种少、地域差异的限制,尚不能完全阐明其作用机理,未来的研究重点将从分子水平上研究腐植酸的生理调节机制,对腐植酸与谷子抗旱性关系进一步深入研究,不仅可以为今后阐明腐植酸对谷子生长调节机理提供理论依据,而且对谷田节肥减药和干旱缓解具有重要作用。

4.4　结论

综上所述,干旱胁迫对谷子幼苗生长、叶片叶绿素含量和水分状况、渗透调节、抗氧化系统、质膜系统等生理过程均产生了重要影响。$100\sim200$ mg/L 的腐植酸能提高谷子叶片叶绿素含量、保持水分,促进谷子幼苗正常生长,可诱导谷子幼苗产生可溶性蛋白、游离脯氨酸等渗透调节物质,并可清除活性氧,提高 SOD、POD、APX 等抗氧化酶活性和 AsA、GSH 等抗氧化物质含量,降低 MDA 和相对电解质渗透率等对质膜系统的损伤,从而缓解干旱胁迫对植物的伤害。

第5章 腐植酸对谷子产量及品质的影响

据统计,全球每年因干旱导致的粮食减产占减产总量的 50％以上,干旱成为影响粮食作物产量的最主要非生物胁迫因素之一(李江等,2010)。众所周知,山西省地势复杂,南北跨度达 682 km,海拔 180～3058 m,地处黄土高原东部,是典型的大陆性干旱气候,年降雨量介于400～650 mm,是我国典型的干旱缺水省份,在山西省现有耕地中,旱地面积占 80％,其中还有 43.66％的坡耕地,这些瓶颈和劣势,严重制约着山西农业的发展。

谷子作为医食兼用的杂粮作物,被誉为"五谷之首",营养价值极高(Muthamilarasan et al. ,2015),维生素 B_1、无机盐、钾钠比、铁、磷等含量高于大米,具有降血压、补血、健脑等作用;谷子籽粒中的蛋白质具有抗动脉粥样硬化的功效(古世禄,2000)。除食用外,还可用来酿酒、制饴糖等,中国北方许多妇女在生育后,都有用小米加红糖来调养身体的传统;小米熬粥营养价值丰富,有"代参汤"之美称。宁娜(2016)研究表明,海拔越高、降雨量越多、土壤中有效磷含量越高谷子的品质越好。同时,谷子作为山西省的主要粮食作物,在长期的驯化和栽培过程中,形成了适应干旱、半干旱地区气候和生态环境的生理机制,在我国旱作农业中具有重要地位(温琪汾 等,2005;张一中,2011),谷子虽然耐旱,但干旱仍然是制约其产量的重要因素。品质的优劣和产量的高低是谷子价值的决定因素(Krishnan et al.,2005),因此,研究腐植酸在旱作条件下对谷子产量和品质的影响,对半干旱地区谷田施用腐植酸以节肥减药及明确其促进作物生长的机理等方面具有重要意义。

腐植酸(Humic acid,HA)是一类成分复杂的天然有机物质,可促进植物对养分的吸收、提高作物的产量。Fernández-Escobar 等(1996)通过大田试验研究腐植酸对橄榄幼树的影响,表明土壤不施肥料时,叶面喷施腐植酸可提高橄榄叶片中 K、Fe、Mg、Ca、B 含量,而土壤施肥后养分可满足橄榄生长需求,叶片中元素含量不增加。适宜浓度的腐植酸显著促进燕麦根系对 K^+、SO_4^{2-} 的吸收(Maggioni et al.,1987),并可提高燕麦的产量,缓解干旱胁迫对作物的抑制作用(刘伟 等,2014)。霍昭光等(2018)在烤烟上研究表明,黄腐酸能有效促进矿质元素的吸收和积累、提高了烤烟的产量。研究表明,适宜浓度的腐植酸可改善玉米的品质,提高蛋白质含量,使玉米增产 35.3%(李兆君 等,2004),并可提高棉花(杨安民 等,2000)、小麦(张仕铭,2000)、大豆(王东方 等,2002)、马铃薯(张磊,2013)的产量。于学健(2016)研究表明,适当添加腐植酸可减少化肥的施用量,可起到增产的目的,又可降低化肥对土壤造成的不良影响。腐植酸对改善作物品质、提高作物产量、提高作物抗性等方面有着重要的作用(回振龙 等,2013;Heil,2005)。目前,腐植酸在旱作条件下对谷子产量和品质的影响鲜有报道。本试验通过大田试验,用不同浓度的腐植酸对谷子叶片进行叶面喷施,研究其对谷子产量、籽粒蛋白质、微量元素含量的影响,以期为腐植酸在谷田上的应用提供参考。

5.1 材料与方法

5.1.1 材料与试剂

供试材料:普通优质谷子晋谷 21 号(山西省农业科学院经济作物研究所)和杂交高产谷子张杂 10 号(河北省张家口市农业科学院)。

供试试剂:腐植酸(Humic acid,HA)分子式为 $C_9H_9NO_6$,分子量:227.17,由山东西亚化学工业有限公司生产。

5.1.2 试验设计

田间试验于 2017 年和 2018 年 5—10 月在山西农业大学农作站试验田($37°42'N,112°58'E$)进行,期间气象数据见表 5.1。采用裂区设计,主区处理为两个谷子品种(晋谷 21 号和张杂 10 号),副区处理为不同浓度的腐植酸溶液,腐植酸浓度为 50 mg/L、100 mg/L、200 mg/L、300 mg/L、400 mg/L,以清水为对照。试验重复 3 次,共 36 个小区,小区面积为 10 m²。小区土壤理化性状见表 5.2。在谷子拔节期和灌浆期进行叶面喷施,喷施量为 800 L/hm²。生育期期间人工间苗、除草,防鸟害。2017 年、2018 年播种时间分别为 5 月 25 日、5 月 28 日;拔节期喷施时间为 7 月 12 日、7 月 14 日;灌浆期喷施时间为 8 月 24 日、8 月 27 日。

表 5.1　2017 年、2018 年 5—9 月份的主要气象数据

月份	降雨量/mm		日照时数/h		气温/℃			
					2017		2018	
	2017	2018	2017	2018	最低	最高	最低	最高
5	20	48.6	328.9	269.5	11.8	29	12.5	27.1
6	54.1	54.3	274	259.4	15.1	29.8	15.9	30.5
7	194.4	143.5	256.3	237.3	19.8	32.5	20.4	30.7
8	112.4	77.2	239.6	246.5	17.8	29.1	19.6	30.3
9	4.1	59.1	235	176	12.7	26.7	11.6	23.1

注:气象数据来自于太谷县气象局。

表 5.2　土壤理化性状

性状	2017 年	2018 年
pH 值	8.14	8.09
有机质/(g/kg)	22.30	18.31
全氮/(g/kg)	1.553	1.28
全磷/(g/kg)	1.146	1.126
全钾/(g/kg)	27.54	26.34
有效铁/(mg/kg)	5.09	6.62
有效锰/(mg/kg)	5.29	5.04
有效铜/(mg/kg)	0.983	1.065
有效锌/(mg/kg)	26.09	23.48

性状	2017 年	2018 年
有效钙/(mg/kg)	1703.0	1542.2
有效镁/(mg/kg)	153.4	128.9

5.1.3　测定指标及方法

成熟期收获谷子,收获时间分别为 2017 年 10 月 13 日和 2018 年 10 月 1 日。

植株生物重测定:对各处理小区取有代表性的 3 株成熟植株进行调查,取回后立即分为穗＋茎＋叶(地上部分)、根(地下部分),装入牛皮纸袋并做好标记,放入烘箱中,105 ℃杀青 30 min,80℃烘烤 24～48 h,烘干至恒重,称取样品重为干重(g)。

产量及产量构成:对各处理小区取有代表性的 3 株成熟植株进行调查,测定株高、茎粗、穗长、穗粗、穗码数、千粒重等;对各处理小区单打单收,谷穗脱粒风干后称重、计产。

谷穗晾晒干后进行人工脱粒,然后取适量谷子用 JLGJ-4.5 型立式垄谷机脱壳,将脱壳后的小米用粉碎机粉碎,最后过 0.5 mm 筛,干燥后测定蛋白质及微量元素含量。

蛋白质:用 MPA 傅里叶变换近红外光谱仪(德国 Bruke)对样品进行蛋白质含量的测定(田翔 等,2016)。

微量元素:谷粒粉末中的 Fe、Mn、Cu、Zn、Ca 和 Mg 等微量元素采用 DTPA 浸提-ICP 法测定。

5.1.4　隶属函数值法综合评价

　　应用模糊数学中隶属函数值法(李佳 等,2019),对不同浓度腐植酸(HA)处理下晋谷 21 号和张杂 10 号的产量及品质进行综合分析。

　　具体方法参考第 2 章 2.1.4 内容。

5.1.5　数据处理

　　利用 Microsoft Excel 2010 进行数据处理和作图,用 SPSS 16.0 软件进行统计分析,图表中数据用均值±标准误表示。

5.2　结果与分析

5.2.1　腐植酸对谷子形态指标的影响

　　2017 年、2018 年腐植酸对晋谷 21 号和张杂 10 号的株高、晋谷 21 号的茎粗均没有明显的作用,差异不显著。随着腐植酸浓度的增加,张杂 10 号的茎粗两年来呈先升高后降低的趋势,2017 年在 T_3、T_4 处理下较 CK 显著增加了 12.39%、10.89%($P<0.5$),2018 年在 T_3 处理下较 CK 显著增加了 7.56%(图 5.1)。

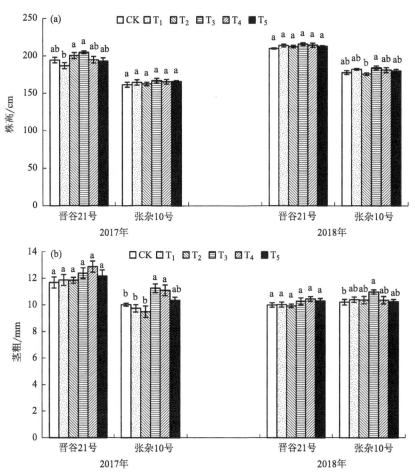

图 5.1　2017 年和 2018 年腐植酸对谷子株高(a)和茎粗(b)的影响

（注：同组不同字母 a,b 表示在 0.05 水平差异显著。）

由表 5.3 可知,随着腐植酸浓度的增加,晋谷 21 号和张杂 10 号的地下干重、根冠比在 2017 年、2018 年呈先升高后降低的趋势,而地上干重变化趋势不明显。2017 年晋谷 21 号的地下干重、根冠比在 T_3 处理下分别较 CK 显著增加了 19.23％、20.12％,2018 年在 T_3、T_4 处理下差异显著,在 T_3 处理下效果最佳分别较 CK 增加了 40.63％、30.65％。2017 年、2018 年,张杂 10 号的地下干重在 T_3 处理下较 CK 显著增加了 44.01％、21.69％,特别是 2017 年的地下干重在 $T_2 \sim T_5$ 处理下差异均显著,而张杂 10 号的根冠比两年均在 T_2 处理下效果最佳,分别较 CK 显著增加了 64.66％、21.17％($P<0.5$)。研究表明,100～200 mg/L 腐植酸对谷子地下干重、根冠比具有明显的促进作用。

5.2.2 腐植酸对谷子产量及产量构成的影响

2017 年、2018 年,随着腐植酸浓度的增加,晋谷 21 号和张杂 10 号的穗长、穗粗、千粒重无明显变化,差异不显著,而两品种的穗码数、穗重、产量呈先升高后降低的趋势(表 5.4)。2017 年和 2018 年,晋谷 21 号的穗码数、穗重分别在 T_2、T_3 和 T_3 处理下较 CK 显著增加了 15.15％、35.80％和 17.00％、8.94％,而张杂 10 号仅穗重在 2018 年较 CK 增加了 8.28％($P<0.5$),且差异显著。晋谷 21 号和张杂 10 号的产量在 2017 年、2018 年变化明显,晋谷 21 号的产量在 T_3、T_2 处理下较 CK 显著增加了 13.63％、20.28％,两年平均增加了 16.96％;张杂 10 号的产量分别在 T_3 处理下较 CK 显著增加了 5.57％、23.39％,两年平均增加了 14.48％。研究表明,100～200mg/L 的腐植酸可显著提高谷子产量。100～200mg/L 腐植酸对谷子地下干重、根冠比具有明显的促进作用。

表5.3 2017年和2018年腐植酸对谷子形态指标的影响

品种	处理	2017			2018		
		地上干重/g	地下干重/g	根冠比/%	地上干重/g	地下干重/g	根冠比/%
晋谷21号	CK	30.00±0.51d	4.94±0.09b	16.50±0.56b	24.57±0.29c	3.20±0.02bc	13.02±0.13bc
	T_1	38.78±0.64a	5.44±0.16ab	14.06±0.64cd	30.18±0.48a	3.06±0.10c	10.14±0.46d
	T_2	36.44±0.53b	5.67±0.19a	15.57±0.72bcd	29.04±0.62a	3.43±0.04bc	11.81±0.17cd
	T_3	29.78±0.80d	5.89±0.11a	19.82±0.88a	26.80±0.38b	4.50±0.30a	17.01±0.90a
	T_4	33.78±0.68c	5.39±0.20ab	15.94±0.32bc	26.45±0.40b	4.26±0.21a	15.87±0.62a
	T_5	35.67±0.51bc	4.96±0.12b	13.90±0.32d	26.49±0.37b	3.69±0.20b	13.92±0.72b
张杂10号	CK	15.83±0.29c	3.59±0.05c	22.64±0.11b	18.50±0.35a	3.32±0.07b	18.00±0.64c
	T_1	16.33±0.51bc	3.61±0.20c	22.21±1.83b	18.45±0.71a	3.31±0.14b	17.93±0.45c
	T_2	12.56±0.31d	4.67±0.19b	37.28±2.38a	16.62±0.43b	3.62±0.10ab	21.81±0.27a
	T_3	18.89±0.80a	5.17±0.15a	27.51±1.86b	19.09±0.47a	4.04±0.11a	21.23±1.08ab
	T_4	17.56±0.48ab	4.56±0.13b	26.02±1.34b	19.13±0.32a	3.62±0.16ab	18.92±0.70bc
	T_5	18.89±0.48a	4.33±0.19b	22.99±1.33b	18.04±0.52ab	3.21±0.21b	17.78±1.15c

注：CK、T_1、T_2、T_3、T_4、T_5分别代表不同腐植酸浓度（0 mg/L、50 mg/L、100 mg/L、200 mg/L、300 mg/L和400 mg/L）。同一列不同小写字母表示在0.05水平差异显著，后表同。

表 5.4 2017、2018 年腐植酸对谷子产量及产量构成的影响

品种	处理	穗长/cm	穗粗/mm	穗码数	穗重/g	千粒重/g	产量/(kg/hm²)
晋谷 21 号 (2017)	CK	24.61±0.48ab	32.38±0.92a	102.3±1.5b	21.06±1.07b	3.112±0.096c	3928.2±28.7c
	T₁	23.67±0.19b	31.50±1.16a	106.6±2.8b	21.75±1.65b	3.201±0.018a	3595.5±36.8d
	T₂	24.50±0.35ab	32.33±0.33a	117.8±3.5a	27.86±1.32a	3.264±0.073a	3351.7±47.6e
	T₃	25.00±0.75ab	34.23±0.70a	114.9±1.6a	28.60±2.61a	3.252±0.003a	4463.5±53.4a
	T₄	23.83±0.19ab	33.78±1.24a	105.4±1.2b	23.21±0.73ab	3.270±0.072a	4238.4±63.4b
	T₅	25.44±0.78a	32.82±0.64a	105.7±3.2b	25.53±1.87ab	3.215±0.065a	3982.0±43.3c
晋谷 21 号 (2018)	CK	27.23±0.26a	26.53±0.70ab	100.6±4.9b	25.06±0.37b	2.452±0.109ab	3741.5±17.8c
	T₁	26.77±0.30ab	27.50±0.60a	110.3±3.2ab	22.48±0.56c	2.651±0.029a	3572.6±51.1c
	T₂	26.13±0.24b	28.67±0.68a	109.4±4.3ab	26.28±0.51ab	2.506±0.082ab	4500.2±67.2a
	T₃	26.43±0.20ab	28.43±0.60a	117.7±4.8a	27.30±0.54a	2.301±0.124b	4158.3±50.5b
	T₄	25.87±0.37b	27.77±0.53a	116.6±3.9a	20.91±0.42d	2.392±0.068ab	4195.8±41.6b
	T₅	26.13±0.39b	24.56±0.72b	105.4±3.5ab	20.37±0.58d	2.504±0.101ab	3604.7±70.9c

续表

品种	处理	穗长/cm	穗粗/mm	穗码数	穗重/g	千粒重/g	产量/(kg/hm²)
张杂 10 号(2017)	CK	26.08±0.14a	29.71±0.98a	107.0±4.1abc	29.89±3.06abc	2.957±0.057ab	5160.1±47.9b
	T₁	24.67±0.44b	30.48±0.93a	98.9±2.1c	31.67±2.91ab	2.968±0.062ab	5149.4±61.7b
	T₂	25.17±0.42ab	31.69±0.10a	104.4±2.4bc	32.22±0.78a	3.038±0.023a	5414.0±10.1a
	T₃	25.94±0.24a	32.17±1.03a	110.3±2.1ab	33.67±1.93a	3.005±0.024a	5447.7±40.2a
	T₄	25.22±0.49ab	30.86±1.01a	116.6±3.8a	23.67±0.58c	2.987±0.031a	5123.4±57.2b
	T₅	25.44±0.31ab	31.29±1.11a	106.4±2.8bc	24.78±2.32bc	2.848±0.008b	4674.4±72.3c
张杂 10 号(2018)	CK	32.29±0.22ab	33.36±0.54ab	103.9±3.6a	26.94±0.46b	2.609±0.042a	3828.0±40.0c
	T₁	31.21±0.41b	32.00±0.84b	100.9±2.6a	24.06±0.88c	2.655±0.031a	3761.4±76.3c
	T₂	30.92±0.66b	35.12±0.54a	104.9±3.5a	28.08±0.52ab	2.651±0.035a	4401.7±73.5b
	T₃	33.19±0.75a	32.61±0.99b	104.9±1.8a	29.17±0.55a	2.549±0.050a	4723.3±89.7a
	T₄	30.77±0.70b	32.90±0.86ab	100.0±1.2a	22.45±0.42cd	2.542±0.028a	4601.3±76.6ab
	T₅	32.08±0.60ab	31.54±0.31b	101.6±4.0a	21.82±0.35d	2.636±0.039a	3523.1±38.8d

5.2.3　腐植酸对谷子籽粒蛋白质含量的影响

如图 5.2、图 5.3 所示,随着腐植酸浓度的增加,晋谷 21 号和张杂 10 号籽粒中蛋白质含量在 2017 年、2018 年均呈先升高后降低的趋势。2017 年,腐植酸 $T_1 \sim T_5$ 处理下对两个品种籽粒中蛋白质含量较 CK 均有不同程度的提高,其中 T_2 处理作用明显,晋谷 21 号和张杂 10 号籽粒中蛋白质含量分别较 CK 增加了 4.27％、3.85％,但差异不显著。2018 年,腐植酸对两个品种籽粒中蛋白质含量作用效果明显,晋谷 21 号籽粒中蛋白质含量在 T_2、T_3 处理下分别比 CK 显著增加了 6.07％、5.73％($P < 0.5$),张杂 10 号蛋白质含量在 $T_1 \sim T_5$ 处理下较 CK 均有提高,T_3 处理下比 CK 显著增加了 3.69％($P < 0.5$)。结果表明,适宜浓度的腐植酸可提高谷子籽粒中蛋白质含量。

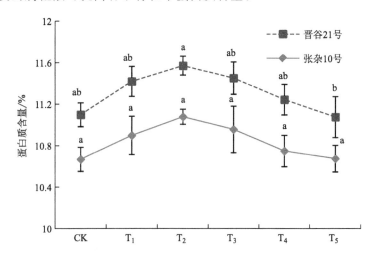

图 5.2　2017 年腐植酸对晋谷 21 号和张杂 10 号籽粒蛋白质含量的影响

(注:同组不同字母 a,b 表示在 0.05 水平差异显著。)

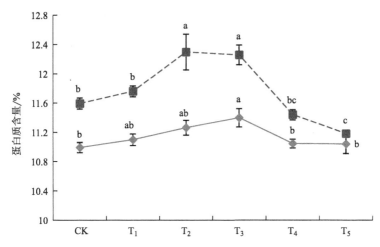

图 5.3　2018 年腐植酸对晋谷 21 号和张杂 10 号籽粒蛋白质含量的影响

（注：同组不同字母 a、b、c 表示在 0.05 水平差异显著。）

5.2.4　腐植酸对谷子籽粒 Fe、Mn、Cu、Zn、Ca、Mg 含量的影响

表 5.5 显示,2017 年、2018 年,腐植酸对晋谷 21 号和张杂 10 号籽粒中 Fe、Cu、Zn、Mg 含量具有明显的促进作用,对籽粒中 Mn、Ca 含量作用不明显。随着腐植酸浓度的增加,两品种籽粒中 Fe 含量呈上升的趋势,晋谷 21 号在 $T_3 \sim T_5$ 处理下较 CK 差异显著,T_5 处理下在 2017 年和 2018 年分别比 CK 增加了 43.50%、42.32%($P < 0.5$);张杂 10 号的 Fe 含量在 $T_1 \sim T_5$ 处理下差异均显著,T_5 处理下两年分别显著增加了 1.08 倍、75.09%($P < 0.5$)。

随着腐植酸浓度的增加,晋谷 21 号和张杂 10 号籽粒中 Cu、Zn、Mg

含量在 2017 年、2018 年均呈先升高后降低的趋势,两品种籽粒中 Cu 含量在 T_2 处理下均达到最大值,两品种在 2017 年、2018 年分别较 CK 增加了 7.02%、9.01%和 11.23%、12.74%($P<0.5$),平均增加了 8.02%、11.99%;晋谷 21 号籽粒中 Zn 含量两年来分别在 T_4、T_3 处理下达到最大值,较 CK 显著增加了 7.46%、6.79%,平均增加了 7.13%,而张杂 10 号的 Zn 含量在 T_2、T_3 处理下效果最佳,分别比 CK 增加了 12.17%、9.51%($P<0.5$),平均增加 10.84%;晋谷 21 号籽粒中 Mg 含量在 $T_1 \sim T_5$ 处理下差异均显著,2017 年、2018 年分别在 T_2、T_3 处理下显著增加了 12.85%、12.52%,平均增加了 12.69%;张杂 10 号籽粒中 Mg 含量在 $T_2 \sim T_3$ 处理下较 CK 差异显著,T_3 处理下在 2017 年和 2018 年分别比 CK 增加了 9.24%、8.88%($P<0.5$),平均增加了 9.06%。结果表明,腐植酸显著提高了谷子籽粒中 Fe、Cu、Zn、Mg 的含量,从增加值比较可知,晋谷 21 号排序为 Fe>Mg>Cu>Zn,张杂 10 号排序为 Fe>Cu>Zn>Mg。

5.2.5 腐植酸作用于谷子的隶属函数值及综合评价

鉴于腐植酸对晋谷 21 号和张杂 10 号的最佳作用浓度差异较大,本研究采用隶属函数值法对两品种的品质及产量进行综合评价。从表 5.6 可知,腐植酸对谷子养分吸收及产量的作用呈现先升高后降低的趋势,对晋谷 21 号作用浓度排序为 $T_3>T_2>T_4>T_1>T_5$,对张杂 10 号的作用浓度排序为 $T_2>T_3>T_1>T_4>T_5$,两品种在 T_2、T_3 的隶属函数平均值分别为 0.66、0.76 和 0.75、0.72。综合分析,腐植酸提高谷子产量、改善品质的浓度排序为 $T_3>T_2>T_1>T_4>T_5$。

表 5.5　2017、2018 年腐植酸对晋谷 21 号和张杂 10 号籽粒中铁、锰、铜、锌、钙和镁含量的影响

品种	处理	铁 Fe/(mg/kg)	锰 Mn/(mg/kg)	铜 Cu/(mg/kg)	锌 Zn/(mg/kg)	钙 Ca/(mg/kg)	镁 Mg/(mg/kg)
晋谷 21 号 (2017)	CK	86.9±3.51c	15.85±0.046a	6.55±0.12b	49.87±1.19b	338.9±1.33ab	1362±20.0d
	T_1	79.4±3.47c	16.03±0.424a	6.81±0.13ab	50.30±0.68ab	348.1±4.88a	1500±12.0abc
	T_2	79.4±3.19c	16.11±0.322a	7.01±0.08a	50.27±0.95ab	327.4±5.12bc	1537±16.3a
	T_3	105.7±4.57b	15.95±0.382a	6.68±0.11ab	53.16±1.13ab	309.4±5.46d	1534±13.9ab
	T_4	110.5±3.77b	14.94±0.446a	6.76±0.04ab	53.59±0.89a	313.0±6.14cd	1478±12.4bc
	T_5	124.7±2.82a	15.32±0.381a	6.77±0.12ab	50.26±1.34ab	300.0±6.20d	1445±27.2c
晋谷 21 号 (2018)	CK	82.7±2.66c	15.83±0.064a	6.44±0.02c	49.61±1.14c	338.5±1.55ab	1366±13.5d
	T_1	85.7±3.89c	16.05±0.417a	6.78±0.10b	50.24±0.93bc	345.5±2.38a	1477±8.4b
	T_2	82.2±1.50c	16.00±0.363a	7.02±0.07a	50.78±0.68abc	326.1±6.34bc	1531±10.1a
	T_3	106.5±3.96b	16.06±0.351a	6.73±0.07b	52.98±0.71a	316.3±3.10cd	1537±10.9a
	T_4	109.7±3.10ab	15.23±0.442a	6.76±0.10b	52.80±0.50ab	310.6±6.09d	1496±10.2b
	T_5	117.7±1.35a	15.02±0.417a	6.70±0.08b	50.32±0.53bc	303.3±5.03d	1442±12.9c

续表

品种	处理	铁 Fe/(mg/kg)	锰 Mn/(mg/kg)	铜 Cu/(mg/kg)	锌 Zn/(mg/kg)	钙 Ca/(mg/kg)	镁 Mg/(mg/kg)
张杂10号(2017)	CK	81.5±2.41d	15.60±0.306a	5.79±0.05b	49.96±0.80b	306.6±8.14ab	1320±6.1c
	T₁	101.7±4.11c	15.11±0.316ab	6.14±0.14ab	53.13±1.84ab	317.8±3.77a	1382±15.1abc
	T₂	96.4±3.93c	14.84±0.174ab	6.44±0.21a	56.04±2.08a	311.2±1.25a	1416±16.2ab
	T₃	130.9±4.40b	14.46±0.268ab	6.19±0.08ab	53.55±1.87ab	308.5±6.13ab	1442±31.3a
	T₄	137.8±1.91b	14.68±0.428ab	6.19±0.06ab	49.90±1.29b	293.3±5.12bc	1344±19.9bc
	T₅	169.6±4.94a	14.33±0.517b	6.05±0.18ab	50.04±1.03b	288.0±4.65c	1339±33.4c
张杂10号(2018)	CK	83.5±1.63e	15.35±0.397a	5.73±0.05b	50.26±0.56b	305.9±6.74ab	1318±7.3d
	T₁	97.6±3.03d	15.36±0.309a	6.13±0.15ab	52.83±2.13ab	316.8±3.81a	1379±15.7bc
	T₂	111.9±4.03c	14.77±0.195a	6.46±0.19a	53.55±1.33ab	310.8±1.83ab	1409±7.7ab
	T₃	121.2±3.24bc	14.53±0.295a	6.23±0.08a	55.04±1.18a	307.5±6.56ab	1435±25.2a
	T₄	130.8±2.22b	14.72±0.453a	6.13±0.05ab	50.04±1.27b	289.2±3.64c	1378±12.1bc
	T₅	146.2±4.21a	14.62±0.246a	6.05±0.18ab	49.90±1.05b	296.6±4.63bc	1329±24.3cd

表 5.6　腐植酸作用于谷子的隶属函数值及综合评价

品种	处理	蛋白质含量/%	铁 Fe/(mg/kg)	锰 Mn/(mg/kg)	铜 Cu/(mg/kg)	锌 Zn/(mg/kg)	钙 Ca/(mg/kg)	镁 Mg/(mg/kg)	产量/(kg/hm²)	平均值	排序
晋谷 21 号	T_0	0.27	0.10	0.78	0.00	0.00	0.82	0.00	0.34	0.29	6
	T_1	0.57	0.04	0.98	0.57	0.15	1.00	0.73	0.00	0.51	4
	T_2	1.00	0.00	1.00	1.00	0.23	0.56	0.99	0.47	0.66	2
	T_3	0.90	0.63	0.95	0.39	0.96	0.25	1.00	1.00	0.76	1
	T_4	0.26	0.72	0.00	0.50	1.00	0.23	0.72	0.87	0.54	3
	T_5	0.00	1.00	0.09	0.46	0.16	0.00	0.46	0.29	0.31	5
张杂 10 号	T_0	0.00	0.00	1.00	0.00	0.03	0.58	0.00	0.40	0.25	5
	T_1	0.49	0.23	0.76	0.55	0.62	1.00	0.52	0.36	0.57	3
	T_2	0.98	0.29	0.33	1.00	1.00	0.76	0.78	0.82	0.75	1
	T_3	1.00	0.58	0.02	0.65	0.90	0.65	1.00	1.00	0.72	2
	T_4	0.19	0.69	0.23	0.58	0.00	0.00	0.35	0.77	0.35	4
	T_5	0.08	1.00	0.00	0.43	0.00	0.04	0.13	0.00	0.21	6

5.3 讨论

叶面喷施适宜浓度的腐植酸对谷子的营养品质及产量具有明显的促进作用。腐植酸可提高马铃薯的株高、茎粗,并使单产提高 29.45%(张磊,2013)。本研究采用大田试验、在自然降水条件下,测定 HA 对晋谷 21 号和张杂 10 号形态指标和产量,结果表明,HA 可显著提高谷子的地下干重、根冠比和产量,并对晋谷 21 号穗码数、穗重作用效果显著,且对晋谷 21 号产量具有更为显著的促进作用,表明腐植酸可促进谷子根系生长,提高根冠比,促进根系对水的吸收与利用,从而提高产量。而品种间存在差异可能与自身遗传特性有关,晋谷 21 号的抗旱性与产量均低于张杂 10 号。梁太波等(2009)研究表明,腐植酸处理可提高小麦穗数和穗粒数,促进根系生长,并使产量显著提高,且旱作小麦增产的幅度较灌溉小麦更大。HA 对燕麦的产量有促进作用,干旱胁迫下的增产幅度大于正常供水条件(刘伟,2014)。谷子栽培过程中,拔节期和灌浆期分别是穗花数、穗粒重决定期,选择拔节期和灌浆期喷施腐植酸,可提高谷子成穗率,促进营养物质源-库的运输,提高产量。

谷子品质是谷子综合性状的表现,品质的优劣不仅受品种遗传特性的影响,还受到生态因子的综合影响(宁娜,2016)。晋谷 21 号是国内优质小米品种之一,但是其产量较杂交品种张杂 10 号低(苗泽志等,2013)。本研究对晋谷 21 号和张杂 10 号两个品种品质及产量进行研究,CK 处理下,晋谷 21 号籽粒中蛋白质、Mn、Cu、Ca、Mg 含量高于张杂谷 10 号,这可能与品种特性相关。土壤中不同矿质元素含量存在差异,但均在正常范围内;同时,晋谷 21 号和张杂 10 号的试验处理均在相同的土壤条件、相同的种植方式下进行,因此本研究所得结果变异均由腐植酸引起,排除了其他干扰因素。

谷子籽粒中蛋白质含量是评价小米营养品质的重要指标,干旱胁迫可降低作物籽粒中的蛋白质含量(施龙建 等,2018)。本研究表明,50～400 mg/L 腐植酸对谷子籽粒中蛋白质含量均有不同程度的促进作用,且 100～200 mg/L 腐植酸作用更为显著。从蛋白质含量增加幅度可知,腐植酸对张杂 10 号谷子籽粒中蛋白质含量较晋谷 21 号作用效果更好。从 2017 年、2018 年两年数据分析可知,2018 年腐植酸对两品种谷子的作用效果显著,这可能与气候因子(光照、温度、水分)、土壤因子等生态因子有关,2018 年谷子灌浆期 8—9 月降雨量高于 2017 年 8—9 月降雨量,有研究表明,在谷子孕穗期、抽穗期和灌浆期间降雨量充沛有利于形成高蛋白质的优质谷子(赵海云 等,2002),而腐植酸在较低养分条件下促进植株养分吸收作用更明显(谷端银,2016)。

矿质元素是人体生命活动所必需的元素,人体内无法合成,必须通过食物摄取。近年来,人体矿质元素缺乏已成为世界性问题之一,全世界缺铁的人占 60％～80％;缺锌占 30％;缺碘占 30％(White et al.,2005)。谷子作为山西省主要粮食作物,其籽粒中矿质元素含量直接影响人体身体健康状况。而干旱胁迫抑制了作物对矿质元素的吸收(王晓君,2015),而腐植酸可促进作物对矿质元素的吸收和积累(袁丽峰等,2014)。本研究表明:适宜浓度的腐植酸可显著提高谷子籽粒中

Fe、Cu、Zn、Mg 含量,对 Mn、Ca 含量变化没有显著影响。从 2017 年、2018 年两年增加的平均值比较可知,晋谷 21 号排序为 Fe>Mg>Cu>Zn,分别较 CK 提高了 42.91%、12.69%、8.02%、7.13%,张杂 10 号排序为 Fe>Cu>Zn>Mg,分别较 CK 提高了 91.55%、11.99%、10.84%、9.06%,两品种对养分吸收存在的差异可能由作物自身的遗传性决定。本研究中,100~200 mg/L 腐植酸对谷子 Cu、Zn、Mg 含量具有明显的促进作用,而 Fe 含量在腐植酸为 400 mg/L 时效果最佳,200~400 mg/L 的腐植酸对其均有显著的影响。而谷端银等(2016)研究表明,100~150 mg/L 腐植酸可显著提高黄瓜 N、P、K、Ca、Mg、Fe 元素含量。腐植酸作用浓度存在一定的差异,这可能与不同作物及品种、腐植酸不同施用方式有关。

腐植酸对两品种谷子产量和品质的作用浓度间差异较大,采用隶属函数值法对各 HA 浓度进行排序,可直观、快速判断 HA 对谷子的最佳作用浓度。研究表明,腐植酸对两品种谷子产量和品质的最佳浓度范围为 100~200 mg/L,品种间存在差异,对晋谷 21 号最佳处理浓度为 200 mg/L,张杂 10 号对腐植酸更为敏感,100 mg/L 的处理浓度最佳。综合分析,谷子大田栽培生产中,腐植酸提高产量、改善品质的最佳处理浓度为 200 mg/L。

5.4　结论

200 mg/L 的腐植酸对张杂 10 号茎粗最为显著,100~200 mg/L

腐植酸对谷子地下干重、根冠比具有明显的促进作用,且显著提高谷子产量。$100\sim200$ mg/L 腐植酸显著提高了谷子蛋白质、Cu、Zn、Mg 含量,而 Fe 含量在腐植酸为 400 mg/L 时效果最佳,$200\sim400$ mg/L 的腐植酸对其均有显著的影响。结合隶属函数值法综合分析,山西省谷子栽培生产中,腐植酸推荐用量为 200 mg/L。研究结果表明,适宜浓度的腐植酸可显著提高谷子产量,对谷子籽粒蛋白质、微量元素含量具有明显的促进作用。

第6章　小结

6.1　主要结论

(1)与正常水分相比,干旱胁迫下谷子种子的发芽势、发芽率、萌发指数及活力指数,幼苗的芽长、根长、鲜重及干重均显著降低。50～300 mg/L 的 HA 浸种可显著提高晋谷 21 号和张杂 10 号的发芽势、活力指数、芽长及根长,两品种分别提高了 18.60%、22.57%、17.38%、19.28% 和 43.60%、41.00%、25.01%、13.65%,且对张杂 10 号的抗旱指数具有较为明显的促进作用,萌发抗旱指数和活力抗旱指数分别提高了 13.76%、40.85%。采用隶属函数值法,进行多指标的综合评价表明,腐植酸促进谷子萌发的最佳浓度为 100 mg/L。研究结果表明:适宜浓度的腐植酸对干旱胁迫下谷子萌发及幼苗生长有明显的促进作用,有效缓解了干旱胁迫对谷子的伤害,增强了谷子的抗旱性。

(2)在正常供水(0 d)、干旱初期(5 d)和干旱后期(10 d),腐植酸能显著提高谷子 SPAD、P_n、G_s、Y(II)、ETR(II)、Y(I)和 ETR(I),而降低 NPQ 和 Y(NA)。研究表明,100～200 mg/L 的腐植酸通过提高

叶绿素含量、增加 P_n 和 G_s、提高 PSⅡ 和 PSⅠ 的实际光化学速率,有效地缓解干旱对谷子光合作用的抑制。对 16 项指标进行主成分分析,提取了 2 个主成分,以 F_v/F_o、F_v/F_m、NPQ、ETR(Ⅰ)、qP、Y(Ⅱ)和 ETR(Ⅱ)为第一主成分,以 SPAD 和 C_i 为第二主成分,累计贡献率达 88.1571%。表明干旱胁迫下腐植酸影响谷子光合特性的主要指标是 F_v/F_o、F_v/F_m、NPQ、ETR(Ⅰ)、qP、Y(Ⅱ)、ETR(Ⅱ)。

(3)干旱胁迫下,100 mg/L 腐植酸显著提高了晋谷 21 号和张杂 10 号幼苗茎粗、叶面积、鲜重、干重,其中对干物质的积累具有明显的促进作用,两品种分别较 CK 显著增加了 33.33%、48.12%。100～200 mg/L 腐植酸提高了谷子叶片叶绿素含量、相对水含量和水势,改善了谷子水分状况。100～200 mg/L 腐植酸显著提高了干旱胁迫下谷子幼苗游离脯氨酸、可溶性蛋白含量,显著提高了 SOD、POD 和 APX 等抗氧化酶活性和 AsA、GSH 抗氧化物质含量,显著降低了幼苗 $O_2^{-}\cdot$ 产生速率和 H_2O_2 含量,降低了丙二醛含量和细胞相对电解质渗透率,有效缓解了活性氧的积累。腐植酸浓度超过 400 mg/L 时对干旱胁迫基本没有缓解效应。表明适宜浓度(100 mg/L)的腐植酸可以提高谷子幼苗渗透调节能力和抗氧化能力,促进谷子幼苗的生长,缓解干旱胁迫伤害。

(4)2017 年、2018 年 200 mg/L 的腐植酸对谷子茎粗最为显著,100～200 mg/L 腐植酸对谷子地下干重、根冠比具有明显的促进作用,且显著提高了谷子产量,两品种的产量较 CK 提高了 16.96%、

14.48％。100～200 mg/L 腐植酸提高了谷子籽粒中蛋白质的含量，晋谷 21 号和张杂 10 号分别较 CK 提高了 5.17％、3.77％。适宜浓度的腐植酸可显著提高谷子籽粒中 Fe、Cu、Zn、Mg 含量，对 Mn、Ca 含量变化没有显著影响。从 2017 年、2018 年两年增加的平均值比较可知，晋谷 21 号排序为 Fe＞Mg＞Cu＞Zn，分别较 CK 提高了 42.91％、12.69％、8.02％、7.13％，张杂 10 号排序为 Fe＞Cu＞Zn＞Mg，分别较 CK 提高了 91.55％、11.99％、10.84％、9.06％。100～200 mg/L 腐植酸对谷子籽粒中 Cu、Zn、Mg 含量有明显的促进作用，而 Fe 含量在腐植酸为 400 mg/L 时效果最佳，200～400 mg/L 的腐植酸对其均有显著的影响。结合隶属函数值法综合分析，在山西省谷子栽培生产中，腐植酸推荐用量为 200 mg/L。研究结果表明，适宜浓度的腐植酸可显著提高谷子产量，对谷子籽粒蛋白质、微量元素含量具有明显的促进作用。

(5)研究发现，晋谷 21 和张杂 10 号在不同干旱胁迫下，多项生理指标表现出明显的差异。在干旱 5 d 时，晋谷 21 号的相对含水量和水势比张杂 10 号降低幅度大，分别为 21.06％、2.92 倍、和 17.11％、2.82 倍，表明张杂 10 号比晋谷 21 号表现出较强的水分平衡能力；叶绿素含量和光合速率 P_n 下降幅度张杂 10 号明显低于晋谷 21 号，分别为 9.27％、3.58％ 和 20.19％、27.47％，表明在同样干旱条件下，张杂 10 号光合能力高于晋谷 21 号；而同等干旱胁迫下张杂 10 号几种保护酶活性和渗透调节物质也明显高于晋谷 21 号，如干旱 5d 时，保护酶 SOD 和 APX 增加幅度张杂 10 号明显高于晋谷 21 号，分别为

91.61％、10.12％和 66.63％、4.23％,干旱 10d 时,张杂 10 号比晋谷
21 号的游离脯氨酸增加幅度大,分别为 1.11 倍和 99.70％,使张杂谷
又比晋谷 21 号具有更强的膜脂抗氧化能力。从多项抗性指标的比较
表明:张杂 10 号抗旱性明显高于晋谷 21 号,体现了张杂谷杂种优势的
特性。

6.2 创新点

(1)探索腐植酸对干旱胁迫下谷子的最佳作用浓度,结果表明,腐
植酸对谷子的最佳处理浓度为 100～200 mg/L。

(2)对腐植酸缓解谷子干旱胁迫的生理特性进行系统性研究,提出
腐植酸主要通过保持植物体内水分含量、提高 PSⅡ和 PSⅠ的实际光
化学速率以促进光合作用、诱导渗透调节物质的产生、提高抗氧化系统
的作用以降低对质膜的伤害等方面提高谷子抗旱性,从而有效缓解干
旱胁迫对谷子的伤害。

(3)以常规谷晋谷 21 号和杂交谷张杂 10 号为研究材料,通过抗性
指标的比较证实杂交谷具有较强的抗旱性,充分体现了杂交谷的杂种
优势。

参考文献

白玉,2009. 谷子萌发期和苗期抗旱性研究及抗旱鉴定指标的筛选[D]. 北京：首都师范大学.

曹帮华,张明如,翟明普,等,2005. 土壤干旱胁迫下刺槐无性系生长和渗透调节能力[J]. 浙江林学院学报,22(2):161-165.

曹逼力,2015. 硅缓解番茄(Solanum Lycopersicum L.)干旱胁迫的机理[D]. 泰安：山东农业大学.

曹岚,2017. 水分胁迫对夏玉米苗期生长的影响[J]. 安徽农学通报,25(14):51-70.

陈玉玲,周燮,曹敏,等,2000. 干旱条件下黄腐酸对冬小麦幼苗中内源 ABA 和 IAA 水平以及 SOD 和 POD 活性的影响(简报)[J]. 植物生理学报,36(4):311-314.

程建峰,陈根云,沈允钢,2012. 植物叶片特征与光合性能的关系[J]. 中国生态农业学报,20(4):466-473.

杜金友,陈晓阳,胡东南,等,2004. 干旱胁迫条件下几种胡枝子渗透物质变化的研究[J]. 华北农学报,19(F12):40-44.

杜秀敏,殷文璇,赵彦修,等,2001. 植物中活性氧的产生及清除机制[J]. 生物工程学报,17(2):121-125.

高汝勇,时丽冉,崔兴国,等,2013. 谷子品种抗旱性评价[J]. 河南农业科学(12):

28-32.

古世禄,古晓红,耿聚平,2000. 不同土壤与海拔高度对谷子(粟)蛋白质氨基酸组成的影响[J]. 生态农业研究,8(3):33-35.

谷端银,王秀峰,杨凤娟,等,2016. 纯化腐植酸对低氮胁迫下黄瓜幼苗生长及养分吸收的影响[J]. 应用生态学报,27(8):2535-2542.

谷端银,王秀峰,高俊杰,等,2018. 纯化腐植酸对氮胁迫下黄瓜幼苗生长和氮代谢的影响[J]. 应用生态学报,29(8):2575-2582.

谷端银,2016. 腐植酸对氮胁迫下黄瓜生长及生理代谢的影响[D]. 泰安:山东农业大学.

关军锋,李广敏,2001. Ca^{2+} 与植物抗旱性的关系[J]. 植物学报,18(4):473-478.

郭伟,王庆祥,2011. 腐植酸浸种对盐碱胁迫下小麦幼苗抗氧化系统的影响[J]. 应用生态学报,22(10):2539-2545.

何芳兰,赵明,王继和,等,2011. 几种荒漠植物种子萌发对干旱胁迫的响应及其抗旱性评价研究[J]. 干旱区地理,34(1):100-106.

何洪光,魏勇,2009. 水分胁迫对苹果叶水势及叶绿素含量的影响[J]. 防护林科技(6):15-16.

贺佳雯,刘伊玲,2017. 功能农业:谋求产业蜕变聚焦健康福祉[J]. 中国经济信息(4):42-47.

贺丽萍,2015. 黄腐酸浸种对燕麦和谷子抗旱保苗效果及机制研究[D]. 呼和浩特:内蒙古农业大学.

赫福霞,李柱刚,阎秀峰,等,2014. 渗透胁迫条件下玉米萌芽期抗旱性研究[J]. 作物杂志(5):144-147.

胡景江,左仲武,2004. 外源多胺对油松幼苗生长及抗旱性的影响[J]. 西北林学院学报,19(4):5-8.

回振龙,李自龙,刘文瑜,等,2013. 黄腐酸浸种对 PEG 模拟干旱胁迫下紫花苜蓿种子萌发及幼苗生长的影响[J].西北植物学报,33(8):1621-1629.

霍昭光,邢雪霞,孙志浩,等,2018. 黄腐酸钾对烤烟生长发育及其叶片矿质元素积累的影响[J].贵州农业科学,46(2):70-73.

金梦阳,文亮,2008.60Coγ 射线辐照对续随子保护酶活性的影响[J].核农学报,22(5):569-572.

柯贞进,尹美强,温银元,等,2015. 干旱胁迫下聚丙烯酰胺浸种对谷子种子萌发及幼苗期抗旱性的影响[J].核农学报,29(3):563-570.

蓝江林,刘波,史怀,等,2014. 微生物发酵床人工腐殖质生产园区设计及运行推演[J].福建农业学报(7):702-706.

李合生,2012. 现代植物生理学(第 3 版)[M].北京:高等教育出版社.

李红英,程鸿燕,郭昱,等,2018. 谷子抗旱机制研究进展[J].山西农业大学学报(自然科学版),38(1):6-10.

李佳,何丽君,陈海军,等,2019. 黑果枸杞(Lycium ruthenium)种子萌发特性与抗旱性[J/OL].分子植物育种:1-13 [2019-02-04].http://kns.cnki.net/kcms/detail/46.1068.S.20181218.1142.010.html.

李江,汤红玲,陈惠萍,2010. 外源一氧化碳对干旱胁迫下水稻幼苗抗氧化系统的影响[J].西北植物学报,30(2):330-335.

李培英,孙宗玖,阿不来提,2010.PEG 模拟干旱胁迫下 29 份偃麦草种质种子萌发期抗旱性评价[J].中国草地学报,32(1):32-39.

李绪行,殷蔚蕙,邵莉楣,等,1992. 黄腐酸增强小麦抗旱能力的生理生化机制初探[J].植物学报,9(2):44-46.

李荫梅,1997. 谷子育种学[M].北京:中国农业出版社.

李泽,谭晓风,卢锟,等,2017. 干旱胁迫对两种油桐幼苗生长、气体交换及叶绿素荧光参数的影响[J].生态学报,37(5):1515-1524.

李兆君,陆欣,王申贵,等,2004. 腐植酸尿素对玉米产量及品质的影响[J].山西农业大学学报(自然科学版)(4):322-324.

李志萍,张文辉,崔豫川,2015. NaCl 和 Na_2CO_3 胁迫对栓皮栎种子萌发及幼苗生长的影响[J].生态学报,35(3):742-751.

李仲谨,李铭杰,王海峰,等,2009. 腐植酸类物质应用研究进展[J].化学研究,20(4):103-107.

梁强,桂杰,2009. 喷施黄腐酸对干旱胁迫下甘蔗苗期叶绿素荧光参数及丙二醛的影响[J].广西植物,29(4):527-532.

梁太波,王振林,王汝娟,等,2007. 腐植酸钾对生姜根系生长发育及活性氧代谢的影响[J].应用生态学报,18(4):813-817.

梁太波,王振林,刘娟,等,2009. 灌溉和旱作条件下腐植酸复合肥对小麦生理特性及产量的影响[J].中国生态农业学报,17(5):900-904.

梁银丽,康绍忠,张成娥,1999. 不同水分条件下小麦生长特性及氮磷营养的调节作用[J].干旱地区农业研究,17(4):58-64.

林艳,周文国,张全峰,等,2000. 国内林木抗寒抗旱性评定的主要指标及方法[J].河北林业科技(6):10-12.

林植芳,刘楠,2012. 活性氧调控植物生长发育的研究进展[J].植物学报,47(1):74-86.

刘广全,赖亚飞,李文华,等,2004.4 种针叶树抗性研究[J].西北林学院学报,19(1):22-26.

刘佳,仪慧兰,郭二虎,等,2015. 不同时期谷子对干旱胁迫的响应[J]. 山西大学学报(自然科学版),38(1):160-164.

刘兰兰,史春余,梁太波,等,2008. 腐植酸肥料对生姜土壤微生物量和酶活性的影响[J]. 生态学报,29(11):6136-6141.

刘伟,刘景辉,萨如拉,等,2014. 腐殖酸水溶肥料对水分胁迫下小麦光合特性及产量的影响[J]. 中国农学通报,30(3):196-200.

刘伟,2014. 腐植酸水溶性肥料对燕麦抗旱生理特性的影响[D]. 呼和浩特:内蒙古农业大学.

罗冬,王明玖,李元恒,等,2015. 四种豆科牧草种子萌发和幼苗生长对干旱的响应及抗旱性评价[J]. 生态环境学报(2):224-230.

马建军,邹德文,吴贺平,等,2005. 腐植酸钠对镉胁迫小麦幼苗生物效应的研究[J]. 中国生态农业学报,13(2):91-93.

马乐元,陈年来,韩国君,等,2017. 外源水杨酸对干旱胁迫下小冠花种子萌发及幼芽生理特性的影响[J]. 应用生态学报,28(10):3274-3280.

马乐元,2017. 水杨酸对小冠花种子萌发和幼苗抗旱性的调控作用及其生理机制研究[D]. 兰州:甘肃农业大学.

马立平,2000. 由多指标向少数几个综合指标的转化:主成分分析法[J]. 北京统计(8):37-38.

马文涛,樊卫国,2014. 贵州野生柑橘的抗旱性及其活性氧代谢对干旱胁迫的响应[J]. 果树学报,31(3):394-400.

马旭俊,朱大海,2003. 植物超氧化物歧化酶(SOD)的研究进展[J]. 遗传(2):225-231.

梅慧生,杨建军,1983. 腐植酸钠调节气孔开启度与植物激素作用的比较观察[J].

植物生理学报(2):37-43.

孟丽霞,2009. 腐植酸钾对烤烟主要生理指标及钾含量的影响[D]. 昆明:云南农业大学.

苗泽志,韩浩坤,杜伟建,等,2013. 杂交谷子产量及品质相关性状的主成分分析[J]. 山西农业科学,41:785-788.

宁娜,2016. 硒、除草剂及不同生态因子对谷子品质的影响[D]. 太谷:山西农业大学.

牛瑞明,吴文荣,吴桂丽,等,2010. 不同药剂浸种对燕麦种子发芽特性的影响[J]. 作物杂志(2):99-101.

裴帅帅,尹美强,温银元,等,2014. 不同品种谷子种子萌发期对干旱胁迫的生理响应及其抗旱性评价[J]. 核农学报,28(10):1897-1904.

山仑,1983. 我国西北地区植物水分研究与旱地农业增产[J]. 植物生理学报(5):9-12.

邵艳军,山仑,李广敏,2006. 干旱胁迫与复水条件下高粱、玉米苗期渗透调节及抗氧化比较研究[J]. 中国生态农业学报,14(1):68-70.

申洁,王玉国,郭平毅,等,2021. 腐植酸对干旱胁迫下谷子幼苗叶片抗坏血酸-谷胱甘肽循环的影响[J]. 作物杂志(2):173-177.

申洁,卫林颖,郭美俊,等,2019. 腐植酸对干旱胁迫下谷子萌发的影响[J]. 山西农业大学学报(自然科学版),39(6):26-33.

施龙建,文章荣,张世博,等,2018. 开花期干旱胁迫对鲜食糯玉米产量和品质的影响[J]. 作物学报,44(8):1205-1211.

孙彩霞,沈秀瑛,2002. 玉米根系生态型及生理活性与抗旱性关系的研究[J]. 华北农学报,17(3):20-24.

汤绍虎,周启贵,孙敏,等,2007. 外源 NO 对渗透胁迫下黄瓜种子萌发、幼苗生长和生理特性的影响[J].中国农业科学,40(2):419-425.

田翔,沈群,乔治军,等,2016. 近红外光谱分析技术在糜子品质检测中的应用[J].中国粮油学报,31(9):131-135.

王东方,丁炳春,杜红梅,等,2002. 大豆叶面喷施腐植酸钾增产效应研究[J].大豆科学,21(4):305-307.

王利宾,王曰鑫,2011. 腐植酸肥对土壤养分与微生物活性的影响[J].腐植酸(4):6-9.

王璞,2004. 农作物概论[M].北京:中国农业大学出版社.

王启明,2006. 干旱胁迫对大豆苗期叶片保护酶活性和膜脂过氧化作用的影响[J].农业环境科学学报,25(4):1528-1530.

王晓君,2015. 干旱胁迫对大豆吸收营养物质、产量及相关酶的影响[D].东北农业大学.

温琪汾,王纶,王星玉,2005. 山西省谷子种质资源及抗旱种质的筛选利用[J].山西农业科学,33(4):32-33.

吴晓丽,罗立津,黄丽岚,等,2011. 水杨酸和油菜素内酯对花椰菜幼苗生长及抗旱性的影响[J].干旱地区农业研究,29(2):168-172.

武维华,2003. 植物生理学[M].北京:科学出版社.

肖晓璐,原向阳,董淑琦,等,2018. 叶面喷施腐植酸钾对张杂谷 10 号光合特性及产量的影响[J].山西农业大学学报(自然科学版)(2):42-46.

肖艳,曹一平,2005. 黄腐酸、水杨酸浸种对冬小麦种子活力的影响[J].腐植酸(1):23-26.

徐丽霞,仪慧兰,郭二虎,等,2016. 干旱胁迫对谷子抽穗期生理生化和产量的影响

［J］.山西大学学报（自然科学版），39（4）：672-678.

许旭旦，诸涵素，杨德兴，等，1983.叶面喷施腐殖酸对小麦临界期干旱的生理调节作用的初步研究［J］.植物生理学报（4）：39-46.

许耀照，曾秀存，王勤礼，等，2010.PEG 模拟干旱胁迫对不同黄瓜品种种子萌发的影响［J］.中国蔬菜，1（14）：54-59.

杨安民，刘漫道，唐保善，等．腐植酸钾对棉花生长及产量构成的影响［J］.陕西农业科学（自然科学版），2000，（1）：8-9.

杨传杰，罗毅，孙林，2012.水分胁迫对覆膜滴灌棉花根系活力和叶片生理的影响［J］.干旱区研究，29（5）：802-810.

杨慧杰，2017.叶面喷施油菜素内酯对阔世玛胁迫下谷子幼苗叶片光合特性的影响［D］.太谷：山西农业大学．

杨永清，张学江，2010.不同生态型喜旱莲子草对干旱的生理生态反应［J］.湖北农业科学，49（8）：1890-1893.

于学健，2016.黄腐酸调控甜菊糖苷合成的机理及甜菊糖苷的酶法转化［D］.北京：中国农业大学．

于振文，2003.作物栽培学各论［M］.北京：中国农业出版社．

袁丽峰，黄腾跃，王改玲，等，2014.腐殖酸及腐殖酸有机肥对玉米养分吸收及肥料利用率的影响［J］.中国农学通报，30（36）：98-102.

原向阳，郭平毅，黄洁，等，2014.缺磷胁迫下草甘膦对抗草甘膦大豆幼苗光合作用和叶绿素荧光参数的影响［J］.植物营养与肥料学报，20（1）：221-228.

张继树，2006.植物生理学［M］.北京：高等教育出版社．

张健，池宝亮，黄学芳，等，2007.以活力抗旱指数作为玉米萌芽期抗旱性评价指标的初探［J］.华北农学报（1）：22-25.

张锦鹏,王茅雁,白云凤,等,2005. 谷子品种抗旱性的苗期快速鉴定[J]. 植物遗传资源学报,6(1):59-62.

张磊,刘景辉,徐胜涛,2013. 植物生长营养液对不同灌溉量马铃薯光合特性及产量的影响[J]. 西北农林科技大学学报(自然科学版),41(2):145-151.

张磊,2013. 植物生长营养液对马铃薯抗旱增产生理调控机制[D]. 呼和浩特:内蒙古农业大学.

张立新,2006. 氮、钾、甜菜碱对提高作物抗旱性的效果及其生理机制[D]. 杨凌:西北农林科技大学.

张鸣,张仁陟,蔡立群,2008. 不同耕作措施下春小麦和豌豆叶水势变化及其与环境因子的关系[J]. 应用生态学报,19(7):1467-1474.

张沁怡,李文蔚,阳晶,等,2015. 腐殖酸对水稻剑叶光合特性、必需元素和产量的影响及其相关性研究[J]. 云南农业大学学报(自然科学版),30(2):185-191.

张仕铭,2000. 小麦喷施腐植酸钾增产效应试验[J]. 腐植酸,(1):18-20.

张文英,智慧,柳斌辉,等,2010. 谷子全生育期抗旱性鉴定及抗旱指标筛选[J]. 植物遗传资源学报,11(5):560-565.

张文英,智慧,柳斌辉,等,2012. 谷子孕穗期抗旱指标筛选[J]. 植物遗传资源学报,13(5):765-772.

张小冰,邢勇,郭乐,等,2011. 腐植酸钾浸种对干旱胁迫下玉米幼苗保护酶活性及MDA含量的影响[J]. 中国农学通报,27(7):69-72.

张秀海,黄丛林,沈元月,等,2001. 植物抗旱基因工程研究进展[J]. 生物技术通报(4):21-25.

张彦良,2016. 山西省谷子种植区域划分与配套品种概述[J]. 种子科技,34(6):42.

张艳福,姚卫杰,郭其强,等,2015. 干旱胁迫对沙生槐种子萌发和幼苗生长的影响[J]. 西北农林科技大学学报(自然科学版),43(10):45-56.

张一中,2011. 谷子在山西省旱作农业中的地位和作用[J]. 中国种业(8):21-22.

张志刚,尚庆茂,2010. 低温、弱光及盐胁迫下辣椒叶片的光合特性[J]. 中国农业科学,43(1):123-131.

张志良,2009. 植物生理学实验指导(第四版)[M]. 北京:高等教育出版社.

张智猛,万书波,戴良香,等,2011. 花生抗旱性鉴定指标的筛选与评价[J]. 植物生态学报,35(1):100-109.

赵海云,陈继富,王宏丽,等,2002. 不同生态环境对优质谷品质的影响[J]. 中国生态农业学报,10(3):65-67.

赵立群,刘玉良,孙宝腾,等,2009. 干旱胁迫下一氧化氮对小麦离体根尖离子吸收的影响[J]. 作物学报,35(3):530-534.

郑平,1991. 煤炭腐植酸的生产和应用[M]. 北京:化学工业出版社.

邹琦.2000. 植物生理学实验指导[M]. 北京:中国农业出版社.

AGUIARN O,MEDICI L O,OLIVARES F L,et al,2016. Metabolic profile and antioxidant responses during drought stress recovery in sugarcane treated with humic acids and endophytic diazotrophic bacteria[J]. Annals of Applied Biology,168(2):203-213.

AJITHKUMAR I P,PANNEERSELVAM R,2014. ROS scavenging system,osmotic maintenance,pigment and growth status of Panicum sumatrenseroth. Under drought stress[J]. Cell Biochemistry & Biophysics,68(3):587-595.

AYDIN A,KANT C,TURAN M,2012. Humic acid application alleviate salinity stress of bean(Phaseolus vulgaris L.)plants decreasing membrane leakage[J].

African Journal of Agricultural Research,7(7): 1073-1086.

BARTELS D,SUNKAR R,2005. Drought and salt tolerance in plants[J]. Critical Reviews in Plant Sciences,24(1):23-58.

BERBARA R L L,GARCIA A C,2014. Humic substances and plant defense metabolism[M]// Physiological Mechanisms and Adaptation Strategies in Plants Under Changing Environment. Springer,New York,NY. :297-319.

BHATTACHARJEE S,2005. Reactive oxygen species and oxidative burst:roles in stress,senescence and signal[J]. Current Science India,89: 1113-1121.

CAMPO S,BALDRICH P,MESSEGUER J,et al,2014. Overexpression of a calcium-dependent protein kinase confers salt and drought tolerance in rice by preventing membrane lipid peroxidation[J]. Plant Physiology,165(2):688-704.

CANELLASL P, 2002. Humic acids isolated from earthworm compost enhance root elongation,lateral root emergence,and plasma membrane H^+-ATPase Activity in Maize Roots[J]. Plant Physiology,130(4):1951-1957.

CANELLAS L P,PICCOLO A,DOBBSSL B,et al,2010. Chemical composition and bioactivity properties of size-fractions separated from a vermicompost humic acid [J]. Chemosphere,78(4):457-466.

CANELLASL P,DANTAS D J,AGUIAR N O,et al,2011. Probing the hormonal activity of fractionated molecular humic components in tomato auxin mutants [J]. Annals of Applied Biology,159(2):202-211.

CARLETTI P,MASI A,SPOLAORE B,et al,2008. Protein expression changes in maize roots in response to humic substances[J]. Journal of Chemical Ecology,34 (6):804-818.

CHEN Y,CLAPP C E,MAGEN H,2004. Mechanisms of plant growth stimulation by humic substances: The role of organo-iron complexes[J]. Soil Science and Plant Nutrition,50(7):1089-1095.

DIAO X M,SCHNABLE J,BENNETZEN J L,et al,2014. Initiation of Setaria as a model plant[J]. Frontiers of Agricultural Science and Engineering,1(1):16-20.

DOUST A N,DEVOS K M,GADBERRY M D,et al,2005. The genetic basis for inflorescence variation between foxtail and green millet(Poaceae)[J]. Genetics,169(3):1659-72.

DU X M,YIN W X,ZHAOY X,et al,2001. The production and scavenging of reactive oxygen species in plants[J]. Chinese Journal of Biotechnology, 17 (2): 121-125.

ELSHABRAWI H M,BAKRY B A,Ahmed M A,et al,2015. Humic and oxalic acid stimulates grain yield and induces accumulation of plastidial carbohydrate metabolism enzymes in wheat grown under sandy soil Conditions[J]. Science,6 (1):175-185.

ELSTNER E F,HEUPEL A,1976. Inhibition of nitrite formation from hydroxyl-ammoniumchloride: A simple assay for superoxide dismutase[J]. Analytical Biochemistry,70(2):616-620.

FAN H M,WANG X W,SUN X,et al,2014. Effects of humic acid derived from sediments on growth,photosynthesis and chloroplast ultrastructure in chrysanthemum[J]. Scientia Horticulturae,177:118-123.

FERNANDEZ-ESCOBAR R, BENLLOCH M, BARRANCO D, et al, 1996. Response of olive trees to foliar application of humic substances extracted from leonardite[J]. Scientia Horticulturae(Amsterdam),66(3-4):191-200.

GAO T G,XU Y Y,JIANG F,et al,2015. Nodulation characterization and pro-
teomic profiling of bradyrhizobiumliaoningense CCBAU05525 in response to wa-
ter-soluble humic materials[J]. Scientific Reports,5:10836.

GARCIA A C,SANTOS L A,IZQUIERDO F G,et al,2014. Potentialities of ver-
micompost humic acids to alleviate water stress in rice plants(Oryza sativa,L.)
[J]. Journal of Geochemical Exploration,136(1):48-54.

GONG H,ZHU X,CHEN K,et al,2005. Silicon alleviates oxidative damage of
wheat plants in pots under drought[J]. Plant Science,169(2):313-321.

GREWAL H S,2010 . Response of wheat to subsoil salinity and temporary water
stress at different stages of the reproductive phase[J]. Plant and Soil,330(1-2):
103-113.

GRZESIAK M T,GRZESIAK S,SKOCZOWSKI A,2006. Changes of leaf water
potential and gas exchange during and after drought in triticale and maize geno-
types differing in drought tolerance[J]. Photosynthetica,44(4):561-568.

GUNES A,PILBEAM D J,INAL A,et al,2008. Influence of silicon on sunflower
cultivars under drought stress,I: Growth,antioxidant mechanisms,and lipid per-
oxidation[J]. Communications in Soil Science and Plant Analysis,39(13-14):
1885-1903.

GUO M J,WANG Y G,DONGS Q,et al,2018. Photochemical changes and oxida-
tive damage in four foxtail millet varieties following exposure to sethoxydim[J].
Photosynthetica,56(3): 820-831.

HANAFY A A H,DARWISH E,HAMODA S A F,et al,2013. Effect of putrescine and humic acid on growth, yield and chemical compositionof cotton plants grown under saline soil conditions[J]. American-Eurasian Journal Agricultural Environmental Science,13(4):479-497.

HASSAN A,YASIR A,ABDUL R,et al,2017. Effect of humic acid on root elongation and percent seed germination of wheat seeds[J]. International Journal of Agriculture and Crop Sciences,7(4): 196-201.

HEIL C A,2005. Influence of humic, fulvic and hydrophilic acids on the growth, photosynthesis and respiration of the dinoflagellate Prorocentrumminimum,(Pavillard)Schiller[J]. Harmful Algae,4(3):603-618.

HUANG B,DUNCAN R R,CARROW R N,1997. Drought-resistance mechanisms of seven warm season turfgrasses under surface soil drying: I. Shoot Response [J]. Crop Science,37(6):1858-1863.

HUANG B,2011. Water use physiology of turfgrass:Turfgrass water conservation [C]. In University of California Agriculture and Natural Resources,2nd edition, 43-55.

JIANG M Y,ZHANGJ H,2001. Effect of abscisic acid on active oxygen species, antioxidativedefencesystemand oxidative damage in leaves of Maize seedlings[J]. Plant and Cell Physiological,42: 1265-1273.

KLUGHAMMER C,SCHREIBER U,2008. Saturation pulse method for assessment of energy conversion in PSI[J]. PAM Appl Notes,1(1):11-14.

KRAMER D M,JOHNSON G,KIIRATS O,et al,2004. New fluorescence parameters for the determination of QA, redox state and excitation energy Fluxes[J]. Photosynthesis Research,79(2):209-218.

KRISHNAN P, SURYA R A V, 2005. Effects of genotype and environment on seed yield and quality of rice[J]. Journal of Agricultural Science, 143: 283-292.

LEGG B J, DAY W, LAWLORD W, et al, 1979. The effects of drought on barley growth: models and measurements showing the relative importance of leaf area and photosynthetic rate[J]. Journal of Agricultural Science, 92(3):703-716.

LI X G, WANG X M, MENG Q W, et al, 2004. Factors limiting photosynthetic recovery in sweet pepper leaves after short-term chilling stress under low irradiance[J]. Photosynthetica, 42(2):257-262.

LI Y S, FANG Y F , LI Y , et al, 2016. Effects of exogenous hydrogen sulfide on seed germination and seedling growth under PEG stimulated drought stress in maize[J]. Journal of Nuclear Agricultural Sciences, 30(4):813-821.

LICHTENTHALER H K, MIEHE J A, 1997. Fluorescence imaging as a diagnostic tool for plant stress[J]. Trends in Plant Science, 2(8):316-320.

LIU J H, ZHAO H C, REN Y F, et al, 2009. Change of osmotica in oat leaf under soil moisture stress [J]. Acta Botanica Boreali-OccidentaliaSinica, 29 (7): 1432-1436.

LIU X Y, 2013 . Multiple solutions for the system of Hammerstein nonlinear integral equations and an application[J]. Journal of Chongqing University, 36(7): 114-120.

LODHI A, TAHIR S, IQBAL Z, et al, 2013. Characterization of commercial humic acid samples and their impact on growth of fungi and plants[J]. Soil and Environment, 32(1):63-70.

LOBELL D B, BURKE M B, TEBALDI C, et al, 2008. Prioritizing climate change adaptation needs for food security in 2030[J]. Science,319(5863):607-610.

LOTFI R,GHARAVIKOUCHEBAGH P,KHOSHVAGHTI H,2015. Biochemical and physiological responses of Brassica napus plants to humic acid under water stress[J]. Russian Journal of Plant Physiology,62(4):480-486.

LU H,ZHANG J,LIUK B,et al,2009. Earliest domestication of common millet (Panicum miliaceum)in east asia extended to 10,000 years ago[J]. Proceedings of the National Academy of Sciences of the United States of America,106(18): 7367-7372.

LYONS T,OLLERENSHAW J H,BARNES J D,2010. Impacts of ozone on Plantago major: Apoplastic and symplastic antioxidant status[J]. New Phytologist, 141(2):253-263.

MAGGIONI A,VARANINI Z,NARDI S,et al,1987. Action of soil humic matter on plant roots: Stimulation of ion uptake and effects on(Mg^{2+} + K^{+})ATPase activity[J]. Science of the Total Environment,62:355-363.

MORA V,BACAICOA E,BAIGORRI R,et al,2014. NO and IAA key regulators in the shoot growth promoting action of humic acid in cucumis sativus L[J]. Journal of Plant Growth Regulation,33(2):430-439.

MUSCOLO A,SIDARI M,EMILIO A,et al,2007. Biological activity of humic substances is related to their chemical structure[J]. Soil Science Society of America Journal,71(1):75-85.

MUTHAMILARASAN M,PRASAD M,2015. Advances in Setaria genomics for genetic improvement of cereals and bioenergy grasses[J]. Theoretical & Applied Genetics,128(1):1-14.

NAGALAKSHMI N,PRASAD M N V,2001. Responses of glutathione cycle enzymes and glutathione metabolismto copper stress in Scenedesmus bijugatus[J]. Plant Science,160: 291-299.

NAKANO Y,ASADA K,1981. Hydrogen peroxide is scavenged by ascrobate-specific peroxidase in spinach chloroplasts [J]. Plant and Cell Physiology, 22: 867-880.

NARDI S,PIZZEGHELLO D,MUSCOLO A,et al,2002. Physiological effects of humic substances on higher plants [J]. Soil and Boil Biochemical, 34 (11): 1527-1536.

OLAETXEA M,MORA V,BACAICOA E,et al,2015. ABA-regulation of root hydraulic conductivity and aquaporin gene- expression is crucial to the plant shoot rise caused by rhizosphere humic acids[J]. Plant Physiology,169(4):2587.

PETZALL C,CASTRILLO M,2005. Leaf sucrose and starch contents and osmotic adjustment in two tomato cultivars under water deficit[J]. Tropical Agriculture, 82(1):59-67.

PEYMANINIA Y,VALIZADEH M,SHAHRYARI R,et al,2012. Relationship among morpho-physiological traits in bread wheat against drought stress at presence of a leonardite derived humic fertilizer under greenhouse condition[J]. International Research Journal of Applied and Basic Science,3(4): 822-830.

QIE L F,JIA G Q,ZHANG W Y,et al,2014. Mapping of quantitative trait locus (QTLs)that contribute to germination and early seedling drought tolerance in the interspecific cross *Setaria italica* × *Setaria viridis* [J]. Plos One,9(7):101868-101875.

SCHELLER H V,HALDRUP A,2005. Photoinhibition of photosystem I[J]. Planta,221(1):5-8.

SHEN J,GUO M J,WANG Y G,et al,2020. An investigation into the beneficial effects and molecular mechanisms of humic acid on foxtail millet under drought conditions[J]. PLOS One,15(6): e0234029.

SHEN J,GUO M J,WANG Y G,et al,2020. Humic acid improves the physiological and photosynthetic character- istics of millet seedlings under drought stress[J]. Plant Signaling & Behavior,15(8):e1774212.

SHI Y,ZHANG Y,YAO H,et al,2014. Silicon improves seed germination and alleviates oxidative stress of bud seedlings in tomato under water deficit stress[J]. Plant Physiology & Biochemistry,78(3): 27-36.

SIGNARBIEUX C,FELLER U,2011. Non-stomatal limitations of photosynthesis in grassland species under artificial drought in the field[J]. Environmental & Experimental Botany,71(2):192-197.

SILVA-MATOS R R S,CAVALCANTE Í H L,JUNIOR G B S,et al,2012. Foliar spray of humic substances on seedling production of watermelon cv. Crimson Sweet[J]. Journal of Agronomy,11(2): 60-64.

SIMPSON A J,KINGERY W L,HAYESM H,et al,2002. Molecular structures and associations of humic substances in the terrestrial environment [J]. Die Naturwissenschaften,89(2):84-88.

SINGH R K,JAISHANKAR J,MUTHAMILARASAN M ,et al,2016. Genome-wide analysis of heat shock proteins in C4 model,foxtail millet identifies potential candidates for crop improvement under abiotic stress[J]. Scientific Reports,6

(1):32641-32654.

STEVENSON F J,1994. Humus chemistry: genesis,composition reactions[M].
New Jersey: John Wiley & Sons Inc.

SUBBARAO G V,CHAUHAN Y S,JOHANSEN C,2000. Patterns of osmotic ad-
justment in pigeonpea-its importance as a mechanism of drought resistance[J].
European Journal of Agronomy,12(3-4): 239-249.

TANG S,LI L,WANG Y,et al,2017. Genotype-specific physiological and tran-
scriptomic responses to drought stress in Setaria italica(an emerging model for
Panicoideaegrasses)[J]. Scientific Reports,7(1):10009-10023.

TREVISAN S,PIZZEGHELLO D,RUPERTI B,et al,2010. Humic substances in-
duce lateral root formation and expression of the early auxin-responsive IAA19
gene and DR5 synthetic element in Arabidopsis [J]. Plant Biology, 12 (4):
604-614.

TSAI K J,LU M Y J,YANG K J,et al,2016. Assembling the Setaria italica
L. Beauv. genome into nine chromosomes and insights into regions affecting
growth and drought tolerance[J]. Scientific Reports,6(1):35076-35086.

VACCARO S,ERTANI A,NEBBIOSO A,et al,2015. Humic substances stimulate
maize nitrogen assimilation and amino acid metabolism at physiological and mo-
lecular level[J]. Chemical & Biological Technologies in Agriculture,2(1):1-12.

VARONE L, RIBASCARBO M, CARDONA C, et al, 2012. Stomatal and non-
stomatal limitations to photosynthesis in seedlings and saplings of Mediterranean
species pre-conditioned and aged in nurseries: Different response to water stress
[J]. Environmental & Experimental Botany,75(74):235-247.

WALZ,2009. Dual-PAM-100 measuring system for simultaneous assessment of P700 and chlorophyll fuorescence,2nd edn. (Heinz Walz GmbH,Germany).

WANG T,ZHANG X,LI C,2007. Growth,abscisic acid content,and carom isotope composition in wheat cultivars grown under different soil moisture[J]. Biologia Planetarium,51(1):181-184.

WANG C Q,XU H J,LIU T,2011. Effect of selenium on ascorbate-glutathione metabolism during PEG-induced water deficit in Trifolium repens L. [J]. Journal of Plant Growth Regulation,30(4):436-444.

WHITE P J,BROADLEY M R,2005. Biofortifying crops with essential mineral elements[J]. Trends in Plant Science,10(12):586-593.

XU J,ZHU Y,GE Q,et al,2012. Comparative physiological responses of Solanum nigrum and Solanum torvum to cadmium stress[J]. New Phytologist,196(1): 125-138.

YI F,CHEN J,YU J,2015. Global analysis of uncapped mRNA changes under drought stress and microRNA-dependent endonucleolytic cleavages in foxtail millet[J]. BMC Plant Biology,15(1):1-15.

YIN L,WANG S,LIU P,et al,2014. Silicon-mediated changes in polyamine and 1-aminocyclopropane-1- carboxylic acid are involved in silicon-induced drought resistance in Sorghum bicolor L [J]. Plant Physiology and Biochemistry, 80: 268-277.

YUAN X Y,ZHANG L G,HUANG L,et al,2017. Spraying Brassinolide improves Sigma Broad tolerance in foxtail millet(*Setaria italica* L.)through modulation of antioxidant activity and photosynthetic capacity [J]. Scientific Reports, 7

(1):11232.

ZHANG J,LIU T,FU J,et al,2007. Construction and application of EST library from *Setaria italica* in response to dehydration stress[J]. Genomics,90(1):121-131.

ZHANG X,SCHMIDT R E,2000. Hormone-containing products' impact on antioxidant status of tall fescue and creeping bentgrass subjected to drought. (Statistical Data Included)[J]. Crop Science,40(5):1344-1349.

ZHANG Y P,JIA F F,ZHANG X M,et al,2012. Temperature effects on the reactive oxygen species formation and antioxidant defence in roots of two cucurbit species with contrasting root zone temperature optima[J]. Acta Physiologiae Plantarum,34(2):713-720.

ZHAO L Y,DENG X P,SHAN L,2005. The response mechanism of active oxygen species removing system to drought stress[J]. Acta Botanica Boreali occidentalia Sinica,25(2):413-418.